U0384972

草原生态系统
退化、修复及改良研究

杨　巍　苏德毕力格　包　扬　尚洪磊

赵艳华　吕凤春　裴　盈　白玉丽　耿雅妮　**著**

中国商业出版社

图书在版编目（CIP）数据

草原生态系统退化、修复及改良研究 / 杨巍等著
. -- 北京 : 中国商业出版社 , 2023.11
ISBN 978-7-5208-2746-1

Ⅰ.①草… Ⅱ.①杨… Ⅲ.①草原生态系统 – 研究
Ⅳ.① S812

中国国家版本馆 CIP 数据核字 (2023) 第 232760 号

责任编辑：王　静

中国商业出版社出版发行

（www.zgsycb.com　100053　北京广安门内报国寺 1 号）

总编室：010-63180647　编辑室：010-83114579

发行部：010-83120835/8286

新华书店经销

定州启航印刷有限公司印刷

*

710 毫米 × 1000 毫米　16 开　14 印张　220 千字

2023 年 11 月第 1 版　2024 年 1 月第 1 次印刷

定价：68.00 元

* * * *

（如有印装质量问题可更换）

前　言

　　草原，作为地球上分布最广的生态系统之一，蕴含着丰富的生物和矿产资源，也是世界生物多样性的重要组成部分。草原生态系统不但为人类提供了丰富的生物资源，而且具有保持水土资源平衡、维护生态环境稳定的重要功能，同时也是我国牧区社会经济发展的基础。然而，近年来，草原生态系统退化的问题越来越突出，导致草原生产力下降，生态环境恶化，给人类生存和发展带来了严重影响。

　　本书旨在全面系统地介绍草原生态系统退化的原因、修复及改良的研究成果，以期为我国草原生态系统的保护和建设提供有力的理论支撑和技术指导。

　　第一章概述了我国草原生态系统的基本情况，包括草原面积与类型、草原分布情况及生产力，以及草原生态系统面临的挑战等。第二章深入探讨了保护和建设草原生态系统的必要性，主要从草原生态系统在地球上的重要地位、草原生态系统的生物多样性、草原生态系统所能提供的重要生产资料、草原生态系统对牧区社会发展的意义等方面进行了阐述。第三章分析了草原生态系统退化的成因，包括超载过牧和草原开垦，气候因素与鼠害影响，随意开辟小路、采挖药材和樵采，草原生产经营投入少等，这些因素共同作用导致草原生态系统的退化。第四章进一步讨论了草原生态系统退化的判定依据，包括草原退化、草原沙化、草原盐碱化等。第五章系统地探讨了退化草原生态修复模式，包括东北草原区、蒙宁甘草原区、南方草山草坡区、青藏草原区和新疆草原区的退化草原生态修复模式。这些修复模式为退化草原生态系统的修复提供了有益参考。第六章详细阐述了不同类型草地的培育改良技术，包括盐碱草地，黄土丘陵草地，沙地草地，林间草地，高山、亚高山絮结草地，以及南方草山、草坡、滩涂草地的培育改良技术等。这些技术在实际应用中对提高草地生产力、改善草地生态环境具有重要作用。第七章探究了全面深化草原生态系统工程的实施路径。一是贯彻生态绿色发展理念，将生态保护和修复置于重要地位。二是完善扶持政策，如草原流转、生态补偿等，从制度层面为草原生态系统的保护与修复提供保障。三是大力发展饲草产业，提高草原资源利用效率，减轻草原压力。四是转变畜牧生产经营方式，推广生态畜牧业，实现草原生态系统与畜牧业的和谐共生。五是强化培训教育工作，提高牧民环保意识和技术水平，为草原生态系统的保护与修复提供人才保障。

　　本书的编写旨在汇集草原生态系统退化、修复及改良的研究成果，为我国草原生态系统的保护和建设提供理论支持和实践指南。草原生态系统的保护与修复是一个长期、系统的工程，需要全社会的共同努力。希望本书能够引起广大读者对草原生态系统保护与修复的关注，共同为我国草原生态系统的可持续发展贡献力量。

　　草原生态系统的退化、修复及改良研究涉及多个学科领域，本书力求全面、系统地展示这些领域的研究成果，但由于篇幅和知识限制，难免存在疏漏和不足之处。希望广大读者能够多提宝贵意见和建议，以便在今后的工作中不断完善和改进。

作者

2023 年 5 月

目　录

第一章　我国草原生态系统概况

第一节　我国草原面积与类型

一、我国草原的地理分布

（一）草原分布

草原在我国的分布十分广泛，涵盖了东北的西部、内蒙古自治区、西北荒漠地区的山地以及青藏高原。这些草原分布在黑龙江省、吉林省、辽宁省、内蒙古自治区、宁夏回族自治区、甘肃省、青海省、新疆维吾尔自治区、陕西省、河北省、山西省和四川省等省份。

在这些省份中，草原根据其特性和地理位置被划分为五个主要区域。东北草原区，主要集中在黑龙江省、吉林省和辽宁省；内蒙古自治区、宁夏回族自治区和甘肃省的草原则构成了蒙宁甘草原区；西北的新疆草原区，是我国草原的另一个主要部分；我国的南部也有草原，包括四川省的山地，被称为南方草山草坡区；青藏高原一带，覆盖了青海省和西藏自治区等地，这里的草原被称为青藏草原区。这五个草原区有各自的独特特点，共同构成了我国广袤且丰富的草原生态系统。

（二）地理位置划分的主要草原区

1.东北草原区

东北草原区包括黑龙江省、吉林省、辽宁省三省和内蒙古自治区的东北部，面积约占全国草原总面积的2%，覆盖在东北平原的中部、北部和周围的丘陵，以及大、小兴安岭和长白山山脉的山前台地上，三面环山，呈马蹄形，海拔为130～1 000 m。[①] 这个区域拥有丰富的自然资源和独特的地理特征。其地形主要为低山丘陵和平原。低山丘陵地带主要位于西部和北部大

---

① 谢宇.辽阔的草原[M].北京：中国工人出版社，2004：2.

小兴安岭山前台地，山地起伏较大，地势相对较高。而平原地带主要分布在松花江、黑龙江省流域，地势较为平缓。这种地形特点使得东北草原区在地理上形成了一个适合农业和畜牧业发展的区域。

这个地区位于大陆性气候和海洋季风气候的边界地带，受东亚季风的影响，属于半干旱半湿润地区。冬季漫长而干燥，夏季短暂而湿润，降雨充沛，主要集中在夏季。年降水量在不同地区有所差异，东部为 750 mm，中部为 600 mm，西部的大兴安岭东麓为 400 mm。热量和降水呈现平行增长的趋势，并与植物的生长季节相一致。

这个地区的土壤类型包括黑土和栗钙土等，非常肥沃。地势平坦，景观开阔，植物种类繁多。野生牧草有 400 多种，而优良牧草接近百种。其中，羊草、无芒雀麦、披碱草、鹅观草、冰草、草木樨、花苜蓿、山野豌豆、五脉山黧豆、胡枝子等是主要的品种。每亩土地的鲜草产量为 300 ～ 400 kg，这里是我国最好的草原之一。

2. 蒙宁甘草原区

蒙宁甘草原区包括内蒙古自治区、甘肃省两个省份的大部分地区和宁夏回族自治区的全部，以及冀北、晋北和陕北草原地区，面积约占全国草原总面积的 30%。[①] 蒙宁甘草原区的主要地貌特征为高原地形，包括阴山以北的内蒙古高原、贺兰山以东的鄂尔多斯高原以及陕西省北部、甘肃省东南部的黄土高原。这些高原地区海拔一般在 1000 ～ 1500 m，被不同类型的草原植被覆盖。除高原地形外，这个区域还包括一些山地、低山丘陵、平原和沙地地貌，这些地貌特征为当地的生态系统和自然资源提供了丰富的多样性。

这个地区是典型的季风气候，冬季主要受极地大陆气团的影响，寒冷而干燥；夏季则由热带海洋气团控制，温暖潮湿且多雨。春季和秋季是过渡类型，气候变化多端。年降水量从山东部的 300 mm 逐渐减少到西部的 100 mm，内陆地区甚至低于 50 mm。

这个地区的土壤类型包括棕钙土和灰棕荒漠土等。牧草种类繁多，有200 多种优良的牧草，如早熟禾、野苜蓿、冷蒿、野葱等。这些牧草多汁且

---

① 谢宇. 辽阔的草原 [M]. 北京：中国工人出版社，2004：3.

营养丰富，各种牲畜都喜欢食用。内蒙古草原是本区的一大特色，风景优美。这个地区适宜养殖牛、马、绵羊、山羊和骆驼等牲畜。

这个地区的草原植被主要分布在高原地带和部分低山丘陵区域。草原植被以针茅和灌丛植物等为主，为当地的畜牧业提供了丰富的饲料资源。草原生态系统在维护水土平衡、防止水土流失、保护野生动物栖息地等方面发挥着重要作用。

这个地区的沙漠植被主要分布在沙地地区，包括沙漠柏、胡杨、梭梭草等耐旱植物。这些植被在防止沙漠化、保持生态平衡、提供动植物栖息地等方面具有重要价值。

这个地区的湿地植被主要分布在河流、湖泊附近的低洼地带，包括芦苇等多种水生植物类型。湿地植被在维护水源涵养、防洪减灾、净化水质等方面发挥着重要作用，同时为水生生物和候鸟提供了良好的栖息环境。

3. 新疆草原区

新疆草原区位于我国西北边陲，北起阿尔泰山，南至昆仑山与阿尔金山之间，面积约占全国草原总面积的22%。[①] 新疆草原区主要以高原、山地和盆地为主。阿尔泰山、天山和昆仑山等山脉环绕，形成了丰富的地形结构。这些山脉既是世界著名的自然风光区，也是新疆草原区生态系统的重要组成部分。新疆草原区还有众多盆地和平原，如伊犁河谷、塔里木盆地等，这些地区适宜农牧业发展。

新疆草原区位于大陆中心，远离海洋，周围环绕着高山。由于湿润的海洋气流无法到达这里，因此气候干燥少雨，属于典型的大陆性气候。降雨日数较少，晴天居多，光热条件优于全国同纬度地区。在晴朗温暖的天气下，山上的积雪开始融化，形成众多的雪水小溪，穿过松林和山岭，缓缓流向山地草原。鸭茅、薹草、车轴草和胡枝子等牧草在这里茂密生长。

这个地区的主要牲畜包括全国著名的新疆细毛羊、三北羔皮羊、伊犁马等，其中三北羔皮羊占全国羔皮羊总数的3/4。

新疆草原区东西延伸约1 500 km，被海拔3 000～5 000 m的天山山脉

---

① 谢宇. 辽阔的草原 [M]. 北京：中国工人出版社，2004：14.

分为南北两部分。北部是准噶尔盆地，海拔高于 500 m；南部是塔里木盆地，海拔约为 1 000 m。这两个盆地都被大山环绕，塔里木盆地更为封闭，气候干燥，年降水量在 100 mm 以下，大部分地区是干旱荒漠草原。唯独天山南麓和昆仑山周围的环形地带，如焉耆和阿克苏等地分布着草原，但牧草稀疏，品质中等。

准噶尔盆地由于受到北冰洋湿气流的影响，比塔里木盆地更为湿润，年降水量在 100 ～ 200 mm。天山和阿尔泰山的山间盆地和河谷地带，年降水量高达 500 mm。在干旱草原地带，也出现了湿润草原的区域，特别是玛纳斯河以西还有大片的湿地，水源丰富，草原茂盛，是良好的天然放牧场所。

4. 青藏草原区

青藏高原位于我国的西南部，北至昆仑山、祁连山，南至喜马拉雅山，西接帕米尔高原，拥有世界上独一无二的高原草原区——青藏草原区，是我国历史悠久的畜牧业基地之一，盛产牦牛、藏羊、犏牛、黄牛等。本区包括西藏自治区全部和青海省、新疆维吾尔自治区、甘肃省、四川省、云南省的部分地区，面积约占全国草原总面积的 32%。全区四面大山环绕，中间山岭重叠，地势高峻。海拔多在 3 000 m 以上，植被呈明显的垂直分布规律。青藏草原区处于高寒地带，气候特点为高寒、缺氧、干旱、强紫外线等。年平均气温较低，日照充足，昼夜温差大。青藏高原位于季风气候和大陆性气候的交汇处，因此，这里的气候具有明显的垂直变化特征，不同海拔地区的气候类型差异较大。

青藏草原区水资源丰富，是许多大江大河的发源地，如长江、黄河、澜沧江等。这些江河为草原区提供了丰富的水资源，滋养了生态系统。此外，青藏高原上还有许多高山湖泊，如纳木错、玛旁雍错等，这些湖泊为水生生物和候鸟提供了良好的栖息环境。

青藏草原区的植被类型丰富，包括高山草甸、高山森林、高山湿地等。高山草甸是青藏草原区最主要的植被类型，以禾本科植物和苔藓类植物为主。这些植被为当地的畜牧业提供了丰富的饲草资源。青藏草原区还有部分高山森林，主要分布在海拔较低的地区，主要树种有冷杉、云杉等。高山湿地植被则主要分布在河谷地带，包括水草、苔藓等水生植物。这些湿地植被在维持水源涵养、防洪减灾、净化水质等方面发挥了重要作用。

5.南方草山草坡区

在我国南方诸省，除了广大的肥田沃土以外，还有大片的草山草坡、林间草地，以及大量零星分布的"三边"草地，这些统称为南方草山草坡区。它亦即泛指长江流域以南的广大地区，包括四川省（西部阿坝、甘孜和小凉山部分地区除外）、云南省（迪庆地区除外）、贵州省、湖南省、湖北省、浙江省、福建省、广东省、海南省、广西壮族自治区等省份的各种类型的山丘草场。南方草山草坡区地形复杂，主要由山地、丘陵、盆地、平原等组成。这些地貌特征为该地区的生态系统和自然资源提供了丰富的多样性。山地和丘陵地区的草山草坡是南方草地的典型代表，为众多野生动植物提供了栖息地。

南方草山草坡区属于亚热带和热带季风气候，具有雨量充沛、湿度大、温差小的特点。春夏季节炎热潮湿，秋冬季节温暖干燥。这种气候条件有利于草地植物生长，形成了丰富的植被类型。南方草山草坡区拥有众多的河流，如长江、珠江、闽江等。这些河流为该地区提供了丰富的水资源，有利于草地生态系统的维护和发展。此外，南方草山草坡区的湖泊、水库等水域生态系统也非常丰富，为水生生物提供了良好的栖息环境。

南方草山草坡区的植被类型多样，包括常绿阔叶林、落叶阔叶林、竹林、灌木丛、草地等。其中，草地是南方草山草坡区最典型的植被类型，以禾本科、莎草科等草本植物为主。这些草地在保持水土、净化空气、提供饲草资源等方面发挥着重要作用。

二、我国草原面积及其变化趋势

我国的草原总面积为 $3.928 \times 10^6 km^2$，相当于国土面积的 40.9%。草原是我国生态安全的重要绿色屏障，也是农牧民赖以生存的主要生产资料。

（一）我国草原面积的总体情况

我国草原面积约占全球草原面积的 12%，位居世界第一。草原是我国最大的陆地生态系统，草原面积比耕地和森林的面积之和还要多 15%，在我国的土地资源中占据了重要地位。我国的草原主要分布在西部和北部的半干旱、干旱和高寒地区，是国家生态安全的重要绿色屏障。草原作为可更新的生物资源，是牧民群众基本的生产生活资料。

（二）近年来我国草原面积的变化趋势

近年来，我国草原面积的变化趋势主要受到人类活动和自然因素的影响。由于过度放牧、过度开垦和气候变化的影响，与20世纪50年代相比，我国90%左右的天然草原出现不同程度的退化状态，草原的大面积退化又引发了一系列生态环境问题。

我国政府采取了一系列措施来保护和恢复草原生态系统，包括实施禁牧和轮牧制度、退耕还草政策、草原补植和草原生态补偿等。这些措施有助于改善草原植被覆盖和土壤质量，推动草原面积的增加。我国政府还实施了一些草原恢复项目，旨在增加草原面积并改善草原质量。这些项目通常涉及草原的固定、改良和恢复，以提高草原的可持续利用水平和生态功能。

（三）影响草原面积变化的主要因素

1. 气候变化

气候是草原生态系统的重要驱动力之一。气候变化对草原面积产生直接影响，主要体现在降水量、温度和季节性变化方面。降水量的变化会直接影响草原植被的生长和生产力，干旱会导致植被减少和土壤侵蚀。温度的升高也会对草原植被和动物适应性产生影响。气候的年际或季节性不规律变化会导致草原生态系统的紊乱和不稳定。

2. 牧业活动

牧业活动是草原管理和利用的重要组成部分。超载放牧是导致草原退化的主要原因之一。当牲畜的数量超过草原的承载能力时，草原无法得到充分休养和恢复，导致植被覆盖度下降和土壤侵蚀加剧。合理的牧业管理和控制牲畜数量是保护草原的关键。科学的放牧方式、轮牧制度和草原管理措施能够帮助维持草原生态系统的平衡。

3. 土地利用改变

土地利用改变对草原面积变化有重要影响。一些草原地区可能面临着农田扩张、城市化和工业用地的压力，导致草原被转为其他用途的土地。这种转变会导致草原面积减少。相反，通过退耕还草、退牧还草等措施，可以恢复和扩大草原面积，促进草原生态系统的恢复和可持续利用。

4. 政策和管理措施

政策和管理措施在草原面积变化中发挥着重要作用。政府的生态保护政策、草原管理制度和资金投入等能够促进草原的保护、恢复和可持续利用。制定合理的政策和管理措施，可以调控牧业活动、控制土地利用，保护草原生态系统的完整性和稳定性。

5. 自然灾害

自然灾害是影响草原面积变化的重要因素之一。火灾、旱灾、虫害等自然灾害事件会对草原植被产生重大影响。火灾会破坏草原植被，导致大面积的植被减少。旱灾会导致草原水分供应不足，限制植物的生长和恢复能力。虫害（如蝗灾和害虫侵袭）也会对草原植被造成损害，影响草原面积和植被质量。这些自然灾害对草原生态系统的稳定性和可持续性产生直接影响。

三、我国草原的分类

（一）温性草甸草原

大部分温性草甸草原分布在东北松辽平原上，部分覆盖在内蒙古高原的东部边缘，年平均气温 ≥ 10℃，年有效积温为 1 700 ~ 2 800℃，年均降水量为 350 ~ 500 mm。内蒙古自治区可利用草甸草原总面积为 730.7 万 hm^2，占自治区可利用草地总面积的 10.9%。其中，锡林郭勒盟约占 26.6%，兴安盟约占 24.3%，呼伦贝尔市约占 23.8%，赤峰市约占 14%，通辽市约占 7.6%，其他盟市分布较少。这些地区的年降水量在 350 ~ 450 mm，≥ 10℃积温为 1700 ~ 2400℃。年平均产草量大约为 1 315 kg/hm^2。

（二）温性典型草原

温性典型草原覆盖在内蒙古高原的中部和北部，≥10℃积温为1 800～3 100℃，年均降水量为250～350 mm。温性典型草原是内蒙古自治区草地的主体，可利用典型草原面积为2 301.36万 hm²，占自治区可利用草地总面积的34.4%。其中，锡林郭勒盟约占42.5%，呼伦贝尔市约占16.3%，赤峰市约占12.7%，通辽市约占8.8%，乌兰察布市约占8.2%，鄂尔多斯市约占8.0%，其他盟市分布较少。这些地区年降水量250～400 mm，≥10℃积温为1 800～3 200℃。可利用产草量为750 kg/hm²。

（三）温性荒漠草原

温性荒漠草原主要分布在内蒙古自治区西部、宁夏回族自治区与甘肃省的东部地区，≥10℃积温为2 000～3 400℃，年均降水量少于250 mm。内蒙古自治区可利用荒漠草原总面积为727.02万 hm²，占自治区可利用草地总面积的12.0%。其中，锡林郭勒盟约占34.8%，乌兰察布市约占26.0%，鄂尔多斯市约占19.7%，巴彦淖尔市约占17.6%，其他盟市分布较少。可利用产草量为75～380 kg/hm²。

（四）温性灌丛草原

温性灌丛草原分布在黄土高原的中、西部及河北省、山西省的部分地区，≥10℃积温为2 300～4 000℃，年均降水量为350～700 mm。可利用产草量为425 kg/hm²。

（五）高寒草原

在高寒草原地区，耐寒旱的多年生草本植被占优势，并有一定数量的高山垫状植物混生。高寒草原主要分布在青藏高原上海拔为3 000～5 200 m的高寒环境，≥10℃积温小于1500℃，年均降水量为500～700 mm。干草产量为130～770 kg/hm²。

第二节 我国草原分布情况及生产力

一、我国草原的纬度、地形特点

我国的草原分布广泛，涵盖了不同的纬度带和地形。纬度带和地形共同影响了我国草原的分布，如图1-1所示。

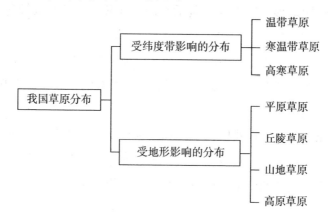

图1-1 受纬度带和地形影响的我国草原分布

（一）受纬度带影响的分布

我国的草原主要分布在北纬30°以北的区域。根据纬度的不同，草原可以进一步划分为温带草原、寒温带草原和高寒草原。

1. 温带草原

温带草原主要分布在我国的北方地区，如内蒙古自治区、辽宁省、吉林省等省区。这些地区属于温带大陆性气候，夏季炎热，冬季寒冷，年降水量较少。温带草原的植被主要由禾草和矮灌木组成，适宜畜牧业的发展。

2. 寒温带草原

寒温带草原主要分布在我国的东北地区，如黑龙江省、吉林省、辽宁省等省份。这些地区属于寒温带季风气候，夏季短暂而温暖，冬季寒冷漫长，年降水量适中。寒温带草原的植被以禾草和芦苇为主，适宜畜牧业的发展。

3.高寒草原

高寒草原主要分布在我国的西部地区，如青藏高原和新疆天山地区。这些地区地势较高，气候寒冷，年降水量较少。高寒草原的植被主要由矮禾草和冷杉、云杉等高山植物组成，适宜高寒畜牧业的发展。

（二）受地形影响的分布

我国草原的地形丰富多样，包括平原、丘陵、山地和高原等不同类型。

1.平原草原

平原草原主要分布在我国的东部地区，如华北平原、东北平原和松嫩平原。这些地区地势平坦，土地肥沃，适宜草原植被的生长和畜牧业的发展。

2.丘陵草原

丘陵草原主要分布在我国的中部和西部地区，如华北丘陵地区、陕西省丘陵地区等。这些地区地势较为起伏，山丘交错，适宜畜牧业的发展。丘陵地形提供了丰富的草原生境，同时也对草原的水分和土壤保持起到一定的调节作用。

3.山地草原

山地草原主要分布在我国的大兴安岭、长白山、祁连山等山脉地带。这些地区地势较高，山脉交错，草原分布在山地和山间盆地之间。山地草原的气候和生态条件多样，具有丰富的植被资源和畜牧资源。山地草原的地形起伏提供了不同的微气候条件，对草原植物的生长和畜牧业的发展具有重要影响。

4.高原草原

高原草原主要分布在我国的青藏高原、内蒙古高原等地区。这些地区海拔较高，地势较为平坦，适宜草原植被的生长。高原草原的气候条件独特，夏季凉爽，冬季寒冷，年降水量较少。高原地区的草原植被以矮禾草和高山植物为主，适宜高原畜牧业的发展。

二、我国草原生产力分布

草原生产力是指单位面积草原在一定时间内所能生产的为家畜利用的有

机物质的能力。表示草原生产力的方式因草原利用方式而异。放牧场生产力的表示方式有放牧季节内单位面积所生产的可食牧草量。割草场生产能力的表达方式有生长季节内单位面积所生产的干草数量、单位面积所获干草的总营养价值、单位面积生产的饲草能获得的畜产品数量。①

我国天然草地单位面积产草量差异很大。北方和西部牧区地带性植被，从草甸草原到荒漠，随着旱生程度增强，草群生产力依次降低。高寒草甸、高寒草原因气温低、生长期短，其产草量低于相应的温带植被，如表1-1所示。

表1-1 我国草群总覆盖度与青饲草产量表

草种类	草群总覆盖度（%）	青饲草产量 /（kg·km²）	草种类	草群总覆盖度（%）	青饲草产量 /（kg·km²）
草甸草原	60~85	3 000~6 000	干荒漠	5~10	400~800
干草原	40~60	1 500~4 000	高寒荒漠	5~15	300~700
荒漠草原	15~35	800~1 500	高寒草甸	60~90	1 500~4 500
高寒草原	30~40	300~1 500	林缘草甸	95~100	6 500~11 000
草原化荒漠	10~20	500~1 000	大陆草甸	75~95	4 000~7 500

每种类型的草地对于维持每只羊的需求，所需的单位面积有所不同。在草甸草原中，每只羊需要5~9亩（1亩≈666.67 m²）；在干草原上，这个数字是10~24亩；在荒漠草原，它是14~24亩；在山地草原，这个数值是9~14亩；而在荒漠，这个数值则是24~35亩。

在农业区的天然草地上，除了严重退化的地段，草的产量更高。比如，在河南省的天然草地（代表了华北山地灌木草丛）上，每公顷的鲜草产量是4 500~6 000 kg。在南方的草山草坡上，每公顷的鲜草产量是7 500~15 000 kg。

在我国的天然草地上，大部分植物是优良的牧草，如丛生禾草，其

---

① 马克伟. 土地大辞典 [M]. 长春：长春出版社，1991：46.

粗蛋白含量是 10%，粗脂肪含量是 3%。紫花针茅和蒿草的粗蛋白含量为 15%～20%，粗脂肪含量是 6%～8%，同时也含有大量的维生素，因此被称为"三高"牧草。藜科植物和蒿类的蛋白质和脂肪含量甚至超过了禾草。

草群的营养价值在不同地区有明显的差异。在北方的牧区，随着植物生长的早熟度增加，草群的蛋白质含量也会增加，但碳水化合物的含量会减少。例如，草甸草原的草群蛋白质含量是 6%～8%，无氮浸出物是 44%～49%；荒漠草原的草群蛋白质含量是 14%，无氮浸出物不足 30%。然而，南方的天然草地的草群营养价值低于北方的牧区，例如，蛋白质含量高于 10% 的牧草，贵州占 12.9%、内蒙古占 62.6%、西藏占 85.8%；粗脂肪含量高于 2% 的牧草，贵州占 17.1%、内蒙古占 98.6%、西藏占 98.7%。粗纤维的含量则相反，高于 40% 的牧草，贵州占 62.8%、内蒙古占 40.7%、西藏占 41.5%。

天然草地的生产力存在明显的季节差异和年度变化。在我国北方和西部的牧区，因为草地植被在冷热季节之间的枯荣变化，导致牧草的产量和营养价值有季节性差异。例如，在青海省，冷季有 6～8 个月，草地的草产量只有暖季的 40%～50%。在干草原上，如果把秋季的草产量设为 100%，那么夏季的产量是 81%，冬季是 69%，春季是 64%。并且，在冷季，牧草的营养价值会降低，粗蛋白含量只有暖季的 13%～30%，所以冬春季节的草地承载能力只有夏秋季节的 60%～70%。此外，天然草地的牧草产量还会随着年际降水量的变化而变化，形成丰收年和歉收年的差异，通常丰收年和歉收年的牧草产量能相差 1～4 倍。

三、影响草原生产力的主要因素

（一）气候因素

气候是影响草原生产力的关键因素之一。气候因素包括降水量、温度、光照和风等。这些因素直接影响着植物的生长和发育，进而影响着草原的生产力。

降水提供了植物生长所需的水分，是植物进行光合作用和养分吸收的基础。降水量足够时，植物能够充分利用水分进行生长，从而提高草原的生产力。然而，降水量的变化对草原生产力产生直接影响。当降水量过少时，植物的水分供应不足，生长受限，从而降低了草原的生产力。

适宜的温度范围有利于植物的生长和代谢活动。温度过高或过低都会对草原植物的生长产生负面影响。高温会导致植物蒸腾速率加快，水分流失增加，从而影响植物的生长。低温会抑制植物的代谢活动和生长进程。因此，适宜的温度条件对于草原生产力的提高至关重要。

光照是植物进行光合作用的能量来源。光合作用是植物合成有机物质的过程，对植物的生长至关重要。充足的光照可以提高植物的光合效率，增加有机物质的合成，从而提高草原的生产力。然而，过强或过弱的光照条件都会对植物的生长产生不利影响。

风能够影响草原植物的生长形态和水分蒸发速度。强风可以造成水分蒸发速度加快，导致植物水分丧失过快，从而影响生长。此外，风还可以通过传播花粉和种子，对植物种群组成和植物种子的分散起到重要作用。

（二）土壤因素

土壤是草原生态系统中的关键组成部分，对草原生产力有着重要的影响。土壤因素包括土壤质地、土壤水分、土壤养分以及土壤酸碱性等，它们共同决定着植物根系的发育、养分的吸收和土壤的水分保持能力，从而影响着草原的生产力。

土壤质地指的是土壤中不同颗粒大小的比例。草原生产力受到土壤质地的影响是因为不同质地的土壤对水分的保持能力和透气性不同。细粒土壤（如黏土）保水能力较强，但排水性较差；而粗粒土壤（如砂土）排水性较好，但保水能力较差。适宜的土壤质地有利于草原植物根系的扎根和水分的利用，从而提高草原生产力。

土壤水分的供应直接影响着植物的生长和发育。适宜的土壤水分条件能够满足植物的生长需求，有利于养分的吸收和草原生产力的提高。然而，土壤水分不足会限制植物的生长，影响生产力。干旱地区的草原常常受到水分的限制，草原生产力较低。

草原植物需要充足的养分来维持其生长和代谢活动。主要的土壤养分包括氮、磷、钾及微量元素等。适宜的土壤养分含量可以提供植物所需的养分，促进植物的生长和草原生产力的提高。然而，土壤贫瘠或养分不均衡会限制植物的生长和养分吸收，降低草原生产力。

土壤酸碱性会影响养分的有效性和微生物活动，进而影响植物的生长和草原产力。大多数草原植物偏好中性或稍微酸性的土壤环境。当土壤过于酸性或碱性时，会影响植物根系的吸收能力和养分的有效性，从而降低草原生产力。

土壤结构和土壤有机质含量也是影响草原生产力的重要因素。良好的土壤结构对于植物根系的生长和透气性非常重要。土壤有机质含量则影响土壤的肥力和保水能力。适量的有机质可以提供养分供应和改善土壤的保水性能，从而促进草原植物的生长和生产力的提高。

（三）植物种群组成及其变化

草原的物种多样性与生产力之间存在着密切的关系。高物种多样性的草原通常具有更高的生产力，因为不同物种之间具有不同的生态位和资源利用策略，能够更有效地利用光能和养分资源。此外，多样性植物群落可以增加生态系统的功能稳定性和抗干扰能力，从而提高草原生产力。

不同植物物种在草原中具有不同的功能。功能性植物群落组成的变化可以对草原生产力产生重要影响。例如，具有高光合效率和高养分吸收能力的植物能够更有效地利用光能和养分资源，提高草原生产力。

植物种群的竞争关系、演替和人为干扰也会对草原生产力产生影响。草原中的植物种群之间存在着竞争关系，包括对光、水、养分等资源的竞争。适度的植物竞争有利于提高生产力，但过度竞争可能导致资源过度利用和植物生长受限，降低草原生产力。草原植物群落的演替和植被变化对生产力也具有重要影响。植被的变化可能对光合作用速率、养分循环、土壤质量等产生影响，从而直接影响草原生产力。人类活动对草原植物群落的干扰也会对生产力产生重要影响，如过度放牧、农业开垦和土地利用转换等。这些干扰会引起植被结构的改变和物种组成的变化，进而影响草原生产力。

四、草原生产力的评估方法与模型

（一）生产力评估指标和方法

当评估草原生产力时，需要借助特定的指标和方法来量化和衡量草原生态系统的生产力水平。这些评估指标和方法不仅可以帮助了解草原植被的生长状况和养分利用效率，还能为草原管理和保护提供科学依据。

1.植被覆盖度和植被生物量

植被覆盖度是指地表被植物覆盖的程度，可以通过遥感技术和图像分析进行测定。植被生物量则是指单位面积上积存的有机物质量，可以通过野外调查、样地测定和无人机等技术进行获取。这些指标可以反映草原植被的密度、茂盛程度和生长状态，从而间接反映生产力水平。

2.净初级生产力（NPP）

NPP是指植物通过光合作用从环境中获取的能量减去呼吸代谢消耗后所剩余的能量。NPP是草原生态系统的生产力的重要指标之一，可通过遥感数据和模型估算得出。NPP的评估可以提供关于植物净生产力和能量转化效率的信息。

3.草原植被的营养状况

草原植被的养分含量和养分元素比例对生产力具有重要影响。通过分析草原土壤和植物样品中的养分含量，可以评估草原植被的营养状况和养分利用效率。

4.碳储量和碳通量

草原是重要的碳汇和碳储存地，评估草原生产力包括对碳储量和碳通量的测量。通过测量土壤有机碳含量、植物生物量和呼吸速率等指标，可以估算草原生态系统的碳储量和碳交换过程。

（二）草原生产力模型及其应用

草原生产力模型是通过建立数学模型来模拟和预测草原生产力的变化与趋势。这些模型基于草原生态系统的生物物理过程和环境条件，结合地理信息系统（GIS）和遥感数据，能够提供对生产力的定量评估和预测。

常用的草原生产力模型包括植被指数模型、生态位模型、生态过程模型和统计模型等。

1. 植被指数模型

植被指数是通过遥感技术获取的一种表征植被状况的指标，常用的有归一化植被指数（NDVI）、差值植被指数（DVI）等。植被指数模型基于植被指数与生产力之间的关系，建立数学模型来估算草原生产力。这些模型通常基于大量的观测数据和地面测量，结合遥感图像，通过回归分析和统计方法，将植被指数与实际生产力进行关联。植被指数模型具有简单、快速、经济的优势，适用于大范围的生产力评估。

2. 生态位模型

生态位模型基于物种对环境因子的偏好和适应能力，通过建立物种与环境因子之间的关系模型来预测草原生产力。这些模型通过整合环境因子数据（如降水、温度、土壤类型等）和物种分布数据，利用统计和空间分析方法，揭示物种生态位与环境因子之间的关系，并通过模型预测物种的适宜分布范围和生产力水平。生态位模型可以提供对不同物种和整个草原生态系统生产力的评估和预测，对草原保护和管理具有重要意义。

3. 生态过程模型

生态过程模型基于对草原生态系统中生物、水分、养分和能量等关键过程的理解，通过数学方程和模拟方法，模拟草原生态系统中物质和能量的流动和转化过程。这些模型考虑了植物光合作用、养分循环、水分平衡、土壤碳氮循环等生物、地球和化学过程，并结合地理信息数据和气候数据，对草原生产力进行定量预测。生态过程模型在研究草原生态系统的稳定性、生态功能和生态系统管理方面发挥着重要的作用。

4. 统计模型

统计模型是利用统计学原理和方法建立的模型，用于分析和预测草原生产力。统计模型基于实测数据和野外调查结果，通过回归分析、方差分析和时间序列分析等统计方法，建立生产力与环境因子之间的关系模型。这些模型可以考虑多个影响因素的综合作用，如气候因子、土壤因子、植被因子等，从而对草原生产力进行定量估计和预测。

这些草原生产力模型在草原生态系统的管理和保护中具有广泛的应用。它们可以帮助决策者和生态学家评估不同管理措施对草原生产力的影响，指导合理的土地利用规划和生态恢复工作。这些模型能提供对草原生产力在未来气候变化等因素下的响应和趋势预测，为草原生态系统的可持续管理和适应性调整提供科学依据。除了用于评估和预测草原生产力之外，这些模型还可以用于草原生态系统的监测和动态变化分析。通过定期的遥感监测和模型模拟，人们可以了解草原生产力的空间分布、季节变化和长期趋势，识别潜在的生态脆弱区域和生态恢复的需求。

第三节　我国草原生态系统面临的主要挑战

一、草原退化

草原是我国重要的生态系统之一，对维持生态平衡和人类社会的可持续发展具有重要意义。

虽然草原是一种可持续资源，但其承载能力确实有限。随着人口增长，草原利用的强度不断加大，导致了草原的大面积退化。如何阻止草原退化并实现其持续利用，是草原生态研究者需要面对的问题。

在 1986 年的我国北方天然草场改良技术交流会议上，中国科学院院士、植物生态学家李博在论文《草原改良的生态学基础》中对草原退化问题进行了深入讨论。据他的数据，内蒙古自治区作为我国主要的草原牧区，全区退化草场面积已超过 1/3。呼伦贝尔草原，以水草丰美而闻名，退化面积已达12.4%，而鄂尔多斯高原退化草场面积已达 50%。新疆细毛羊的主要牧场——天山北麓紫泥泉地区，草原产量下降了 20%～50%。滩羊的故乡——宁夏回族自治区盐池的草场，自 20 世纪 60 年代以来草原生产力持续下降，不但产量降低，而且沙化面积已在 50% 以上。被誉为世界屋脊的青藏高原的许多地方的草原也在退化。

草原退化不仅严重威胁了草原生物多样性，也对牧区经济发展产生了影响。为了有效地阻止和预防草原退化，需要理解草原退化的原因。

（一）草原退化的原因

草原退化是当前我国面临的严重环境问题之一，其原因复杂多样，涉及人类活动和自然因素的相互作用。草原退化的原因主要可以归结为过度放牧、过度开垦、气候变化和土地过度利用等方面，如图1-2所示。

图1-2 草原退化的原因

首先，过度放牧是导致草原退化的主要原因之一。草原作为牧业生态系统的重要组成部分，长期以来一直承载着人们的畜牧业生产。然而，随着畜牧业稳定发展，牲畜的过度放牧导致植被被过度割食，无法恢复和生长，根系受损，土壤质量下降，进而引发了草原退化。

其次，过度开垦也是导致草原退化的重要原因之一。由于农牧业生产和人口增长的需求，大量的草原被转化为农田或用于人工草地的建设，导致草原植被的完整性受到破坏。过度开垦不仅使得草原植被减少，还破坏了土壤结构，导致土壤侵蚀和水土流失的问题日益严重，草原退化的速度也相应加快。

再次，气候变化也是影响草原退化的重要因素。全球气候变化导致气温升高、降水模式变化和极端气候事件的增加，对草原生态系统产生了深远影响。气候变化导致草原植物的生长和适应能力受到威胁，特别是干旱和半干旱地区的草原更为脆弱。气候变化使得草原植被面临水分和营养的不足，导致植被生长受限，进而加速了草原退化的进程。

最后，土地过度利用也对草原退化产生了重要影响。过度采矿、乱砍滥伐和大规模土地开发等活动破坏了草原生态系统的平衡。这些活动导致土壤质量下降、生境破碎化和生物多样性丧失，加剧了草原退化的进程。过度采矿破坏了地下水资源，导致草原水源减少，影响植被的正常生长。乱砍滥伐导致植被的破坏和栖息地的破碎化，破坏了草原生态系统的完整性。大规模土地开发活动改变了草原的自然水循环和土壤质量，使得草原植被无法正常生长和恢复。

（二）草原退化的影响

1. 生物多样性丧失

草原是世界上生物多样性最丰富的生态系统之一，拥有大量独特的植物物种和动物种群。然而，草原退化导致植被减少和土壤质量下降，破坏了植物栖息地和食物链的连通性，导致生物多样性丧失。草原植物和动物的种类与数量减少，生态系统的稳定性和弹性受到破坏。

2. 水资源减少

草原植被在水循环中发挥着重要的调节作用，帮助维持地下水和河流的水量。草原退化导致植被减少和土壤质量下降，使得水的渗透性和保水能力降低，水资源减少。这给草原地区的生态系统和人类社会都带来了严重影响，如缺水、水源污染和水灾等问题的加剧。

3. 土壤侵蚀和沙尘暴的增加

草原退化导致植被覆盖减少和土壤质量下降，使得草原地区容易发生土壤侵蚀和风沙活动。土壤侵蚀导致肥沃土壤的流失，造成土地贫瘠化，给农牧业生产和生态系统的恢复带来困难。此外，草原退化还加剧了沙尘暴的频发和强度，给草原周边地区和远离草原的城市带来环境问题和健康风险。

4. 畜牧业生产减少

草原是重要的牧业生产区，草原退化导致植被减少和土壤质量下降，使得牲畜的饲料供应减少，畜牧业生产受到严重影响。畜牧业是草原地区居民的主要经济来源，草原退化对当地居民的生计和经济稳定造成了重大影响。

5. 气候变化加剧

草原退化进一步加剧了气候变化的影响。草原作为碳汇的重要组成部分，其植被和土壤储存着大量的碳元素。然而，草原退化导致植被减少和土壤质量下降，使得碳储存能力减弱。这导致草原地区的碳排放增加，进而加剧了气候变化的影响，形成了恶性循环。气候变化的加剧又进一步提升了草原退化的速度，形成了相互强化的反馈效应。

6.社会经济问题

草原退化对当地居民的生活和经济带来了严重影响。草原地区的人口主要依靠畜牧业为生，草原退化导致牧草减少和牲畜饲养困难，直接影响了居民的收入和生计。此外，草原退化还引发了生态灾害和环境问题，如沙尘暴、土地沙化等，给当地社会和经济发展带来了严重挑战。

（三）草原退化的防治措施

草原退化对生态系统和人类社会产生了广泛的影响，因此，采取有效的防治措施至关重要。

1.合理放牧管理

合理放牧管理应该规定牲畜数量和放牧强度。通过科学调查和研究，确定每个地区草原的可持续放牧数量，以确保草原植被能够得到适当的恢复和生长。合理的放牧强度也需要考虑草原植被的生长速度和可持续的生物量利用率，以避免对植被造成过度压力。定期休牧和轮牧制度是合理放牧管理的重要组成部分。定期休牧是指在适当的时间间隔内，让牧区得到充分的休养，使草原植被有时间恢复和更新。轮牧是将牲畜在不同的放牧区域之间进行转移，以确保各个区域都有机会得到放牧和休养的机会。这种制度既有助于避免某些区域过度放牧，也有利于平衡草原植被的利用和恢复。此外，相关管理部门应该完善管理措施，包括建立健全放牧许可证制度、设立放牧区域和非放牧区域、加强巡逻和执法力度等。监督和执法机构需要定期检查和评估放牧活动的合规性，对违规行为进行处罚，确保放牧活动在合理的范围内进行。

2.恢复草原植被

恢复草原植被是草原退化防治的关键措施之一。草原植被的恢复不仅可以改善草原生态系统的功能，还可以提供牧草资源，维持草原的生产力和稳定性。要根据草原植被的特点和生态需求，选择适应当地气候和土壤条件的优良草种进行种植。这些草种应具备耐旱、耐寒等特性，能够在恶劣的环境条件下生存和繁衍。通过草种播种，可以增加草原的植被多样性，提高草地的覆盖度和抗风蚀能力。

注重保护和利用本地的草原种子资源也是重要的策略。草原地区常常存在着丰富的本地特色植物种子资源，这些植物对当地环境具有良好的适应性。因此，收集和保存本地草原植物的种子，进行繁育和培育，有助于促进本地特色植物的恢复和繁衍。这不仅可以提高草原植被的适应性和生态稳定性，还有助于保护地方生物多样性和生态文化。此外，合理的草原管理措施也对促进植被生长和更新至关重要。例如，定期的刈割和修剪可以控制草地的高度和密度，促进新的植物生长。刈割和修剪可以减少某些草种的竞争，为其他植物提供更好的生长环境。

3. 加强土壤保护和改良

由于草原退化的主要原因之一是水土流失和侵蚀，建设防护林带和修筑沟渠等措施可以有效减少水土流失。防护林带的植树造林可以形成屏障，减少风蚀和水蚀的影响。修筑沟渠可以收集和导引雨水，减少径流速度，防止土壤侵蚀。这些措施有助于保持土壤的完整性和稳定性，减少土壤质量的下降。

合理的施肥和土壤改良措施对于改善土壤质量和肥力至关重要。草原地区的土壤常常面临养分贫乏的问题，适当的施肥可以补充土壤中的养分，为植物提供生长所需的营养物质。施肥应基于土壤质量和植被需求进行科学调配，避免过度施肥造成环境污染。

此外，土壤改良措施也可以改善土壤的物理和化学性质，改善植物生长的条件。例如，添加有机肥料可以改善土壤结构，增加土壤的保水性和透气性。使用石灰等土壤改良剂可以调节土壤的酸碱度，提供适宜的生长环境。土壤改良还可以通过翻耕、深翻等方式改善土壤的通透性和水分利用效率。

4. 推动农牧业的可持续发展

推动农牧业的可持续发展是草原退化防治的重要方向。农牧业是草原地区主要的经济活动，但过度的农牧业生产方式常常导致草原资源的过度利用和破坏。因此，转变农牧业观念，注重生态环境保护和可持续发展，是实现草原退化防治的关键之一。

一种可行的方法是推广生态畜牧业。生态畜牧业强调草原与牲畜的平衡发展，注重草原生态系统的保护和恢复。合理的放牧管理和生态补偿机制，可以控制牲畜数量和放牧强度，保证草原植被的可持续利用和更新。此外，鼓励农牧民采用低碳、低排放的畜牧业生产方式，减小对草原环境的压力，促进生态系统的健康发展。

另一种可行的方法是推动有机农业的发展。有机农业注重减少化肥、农药和转基因作物的使用，通过生态循环和生物多样性保护，提高土地的质量和农产品的品质。有机农业与草原生态系统的保护和恢复相辅相成，可以减少对草原资源的损害，并为农牧民提供更加可持续的农业收入。

此外，合理的农牧业生产管理，可以提高土地的综合利用效益和农牧业的可持续性。例如，推广农牧业综合经营模式，通过农牧业相互配套、循环利用资源，实现农牧业的协同发展。

5.加强科学研究和监测

科学研究和监测对于草原退化防治至关重要。建立监测网络和站点，可以定期收集和记录草原植被、土壤质量、水资源等指标的数据。这些数据可以帮助了解草原退化的程度和趋势，分析退化原因和影响因素。监测还可以跟踪防治措施的实施效果，评估草原恢复的进展和成效。科学研究可以深入探索草原生态系统的特点和机制，寻找适应草原环境的保护和恢复技术。例如，研究草原植物的适应性和生长规律，寻找具有抗旱、抗风蚀等特性的优良草种；研究土壤质量改良和保水措施的效果，为合理的土壤管理提供科学依据；研究草原退化的机制和影响因素，为制定有针对性的防治策略提供科学指导。

6.退耕还草

草原退化是全球面临的一大生态问题，它直接关系到生态环境的稳定和社会的可持续发展。面对这一问题，退耕还草作为一项重要的生态恢复措施得到了广泛的关注和实施。退耕还草意味着将已退化或不适宜耕种的土地停止耕种，转而进行人工种植或自然恢复，将这些土地重新转变为草地。这一措施能够有效恢复草原生态系统，增强其对环境和生物多样性的正面影响，同时也有助于阻止和逆转土地退化和沙漠化的过程，提高土地的生产力和生态稳定性。

退耕还草的实施不仅有利于环境，还能够通过政府补偿和草原恢复带来其他经济收益，为参与的农民提供额外的收入来源。退耕还草的成功实施需要全面的考虑和规划。首先，应根据不同地区的具体情况和需求，制定出科学和实用的退耕还草规划和策略。其次，政府的支持和引导作用不可或缺，包括提供财政补偿、技术指导和培训等，以确保农民愿意并能够有效参与到退耕还草的实践中来。此外，还需要建立一套有效的监督和评估机制，以便定期监测和评估退耕还草的实施效果和环境影响，根据评估结果进行适时的策略调整和完善。

7. 国际合作和经验借鉴

草原退化是一个全球性的环境问题，许多国家都面临着类似的挑战。通过加强与其他国家和国际组织的交流合作，可以共享草原保护和恢复的经验和技术，加快草原退化防治工作的进展。不同国家在草原退化防治方面积累了丰富的经验。通过与其他国家的合作，可以学习到先进的技术和管理模式，了解不同地区的成功案例。国际合作还可以促进科研机构之间的合作与交流，共同开展研究项目，解决共同面临的问题。

许多国家已经实施了一系列有效的草原保护和恢复措施，可以从中学习到适应当地环境和社会经济条件的成功经验，将其应用到我国的实际情况中。通过借鉴国际经验，可以减少重复努力和试错成本，提升草原退化防治工作的效率和效果。

国际合作还可以促进资源和技术的共同开发和共享。通过与其他国家和国际组织的合作，可以共同开展技术研发和示范项目，推动新技术、新材料的应用和推广。国际合作还可以为草原退化防治提供资金和技术支持，促进项目的可持续发展。

二、土地沙化

沙化通常指的是在极度干燥、干燥和半干旱，以及部分半湿润地区的各类气候条件下，由于各种因素导致土地退化过程，使得地表主要表现为沙砾物质的特征。

我国的沙化土地面积相当广大，以极度和重度沙化为主。2020 年，土地沙化面积 172.12 万 km²，土地沙化日趋严重。

从空间分布上看，我国沙化地区主要集中在西部和西北地区，以及华北和东北地区。沙漠、戈壁主要分布在塔里木盆地、准噶尔盆地、柴达木盆地以及内蒙古高原等沙漠密集的地区。而土地沙化最严重的地方主要在羌塘高原和内蒙古自治区的西部地区。

（一）土地沙化的原因

土地沙化是一种严重的环境问题，指的是土地表面的土壤逐渐丧失肥力、水分和植被覆盖，变得贫瘠、裸露，甚至无法支持植物生长。它是许多地区面临的挑战，对生态系统、农业生产和人类社会产生深远影响。了解土地沙化的原因对于制定有效的防治措施至关重要。土地沙化的原因可以分为自然因素和人为因素两个方面，如图 1-3 所示。

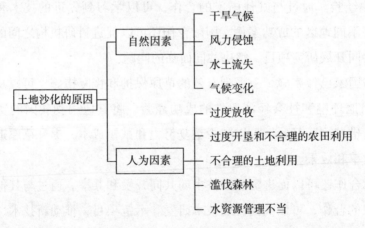

图 1-3　土地沙化的原因

1. 自然因素

干旱气候。干旱是引发土地沙化的主要自然因素之一。长期的干旱条件导致土壤水分逐渐流失，使土壤变得干燥，无法满足植物的生长需要。缺乏充足的降水使土地逐渐贫瘠化，并容易受到风力侵蚀，形成沙丘和沙漠地区。

风力侵蚀。强大的风力是土地沙化的重要自然因素。在干旱地区，强风会带走土壤表面的肥沃层和植被覆盖，暴露出贫瘠的沙土。风力的作用下，沙尘暴和风沙灾害频繁发生，土地质量受到严重破坏。

水土流失。水土流失是导致土地沙化的另一个自然因素。当地区存在严重的水土流失问题时，水流冲刷土壤表面，带走肥沃的土壤层，导致土地贫瘠化和沙化。陡峭的坡地、强烈的降雨、缺乏植被覆盖等因素会增加水土流失的风险。

气候变化。气候变化是导致土地沙化的因素之一。全球气候变暖导致降水模式和分布发生变化，极端干旱事件增加，从而加剧了土地沙化的风险。气候变化还可能导致植被的适应性减弱，使土壤更容易暴露在侵蚀作用下。

2. 人为因素

过度放牧。过度放牧是导致土地沙化的主要人为因素之一。当放牧动物数量超过土地的承载能力时，它们过度利用植被资源，破坏植被的生长和恢复能力。植被覆盖减少，土壤容易暴露在风力和水流的侵蚀下，最终导致土地贫瘠化和沙化。

过度开垦和不合理的农田利用。过度开垦和不合理的农田利用也是导致土地沙化的重要人为因素。过度开垦农田会破坏土壤结构，增加水土流失的风险。不合理的农业耕作方式，如过度使用化肥和农药，会破坏土壤的生态平衡，降低土壤质量，使土地变得贫瘠，易于沙化。

不合理的土地利用。不合理的土地利用也是导致土地沙化的原因之一。城市化进程和工业活动的快速发展导致土地的过度开发和利用。土地被大规模开垦用于建设住宅、商业区和工业园区，植被被清除，土壤暴露在外。缺乏科学合理的土地规划和管理，未对土地适宜性进行评估和保护，导致土地沙化加剧。

滥伐森林。滥伐森林也是导致土地沙化的重要因素之一。森林在保持土壤水分、固定土壤和防止侵蚀方面起着重要作用。然而，大规模的森林砍伐破坏了植被覆盖，使土壤暴露在风力和水流的侵蚀下，增加了土地沙化的风险。

水资源管理不当。不当的水资源管理也会导致土地沙化。过度抽取地下水和不合理的灌溉系统会导致水分不平衡，使土地变得干旱。土地缺乏水分，植被覆盖减少，土壤容易暴露在风力和水流的侵蚀下，进而导致土地沙化。

（二）土地沙化的影响

土地沙化是一种严重的环境问题，对生态系统、农业生产和人类社会造成广泛而深远的影响。

土地沙化可能会对生态系统造成破坏。植被是生态系统的基础，它可以保持土壤的稳定性、防止水土流失，并提供栖息地。然而，土地沙化会导致植被覆盖的减少、生物多样性的丧失，以及生态链的破坏。沙化地区的植物很难存活和繁衍，原本蓬勃发展的生态系统逐渐变得单一。这会导致栖息地丧失和物种灭绝，对生态平衡产生负面影响。

土地沙化还对农业生产造成严重影响。农业是许多国家的重要经济部门，土地沙化对农业生产的稳定性和可持续性造成了威胁。沙化的土地质量下降，失去了肥力和养分，导致农作物的产量下降甚至农作物无法生长。沙化土壤的抗旱能力也减弱，农作物面临着更大的风险。此外，沙尘暴和风沙灾害对农作物的直接破坏以及对农田的侵蚀也会造成严重的经济损失。这对农民的收入和粮食安全产生负面影响。

沙化土地的持水能力较差，水分无法在土壤中蓄积，而是迅速流失。这进一步导致水资源的浪费和匮乏。沙化地区的水源减少，农田灌溉需求无法得到满足，农作物的生长受到限制，甚至死亡。此外，土地沙化还会导致水土流失加剧，造成河流等水体的淤积和污染，对水生生物和水生态系统产生不可逆转的破坏。

在社会经济方面，土地沙化对农村社区的经济产生重大影响。土地沙化减少了农民的收入来源。农业是农村地区的主要经济支柱，土地沙化导致农作物产量下降，农民的收入减少，增加了居民生活的困难。

土地沙化，会对当地经济发展产生阻碍。许多地区依赖农业和土地资源作为经济增长的主要驱动力。然而，土地沙化导致土地质量下降，农业生产受限，农产品供应减少。这对当地经济的发展和可持续性产生负面影响，限制了农村地区的经济增长。

土地沙化还会对生活质量和社会稳定产生影响。沙尘暴和风沙灾害频繁发生，给居民的健康带来威胁，尤其是呼吸系统疾病的发生率加大。沙尘暴还影响交通和能源供应，对基础设施和城市功能造成破坏，给居民的生活带来不便和安全隐患。此外，农业生产的减少和经济的困难可能导致农村地区的人口流失和社会不稳定。另外，土地沙化导致的农作物减产可能会导致食物安全问题，影响居民的营养健康。

（三）土地沙化的防治措施

植被恢复和保护是防治土地沙化的重要手段之一。森林恢复和保护措施，可以重新植树造林或促进自然再生，以增加植被覆盖、保护土壤并提高水分保持能力。草地保护与恢复也是关键。合理的放牧管理和草地资源利用，可以防止过度放牧导致的土地退化和沙化。

实施水土保持措施对于土地沙化的防治至关重要。建设水土保持工程，如沟渠、梯田和沙障等，可以减缓水流速度、防止水土流失和侵蚀。采用覆盖土地的方法，如草坪、秸秆、覆盖作物等，也可以减少土壤的暴露程度，降低风蚀和水蚀的风险。

在土地利用和农业管理方面，采取合理的措施对土地沙化的防治至关重要。可持续农业实践是其中的重要部分，包括合理施肥、精确灌溉、轮作休耕和绿肥覆盖等。这些措施有助于提高土壤质量，增加土壤有机质含量，提高土壤的保水能力和肥力。科学的水资源管理也是不可或缺的，包括合理的灌溉计划、节水灌溉技术和灌溉用水的定量管理，以减少水资源的浪费和过度利用。

通过开展环境教育和宣传活动，提高公众对土地沙化问题的认识和意识，人们能够更好地理解土地沙化的危害性。为农民提供培训和技术支持，帮助他们了解土地沙化的威胁，同时提供可行的解决方案，可以推动土地沙化防治的实施。

在政策与管理措施方面，制定土地利用规划和限制性开发政策，以合理控制土地的开发和利用，减少土地沙化的风险。此外，加强土地沙化的监测与评估工作也是必不可少的。建立土地沙化的监测体系，定期对土地沙化的程度和变化进行监测和评估，有助于及时掌握土地沙化的动态变化，为制定有效的防治措施提供科学依据。在实施防治措施过程中，各相关部门之间的合作与协调也至关重要，各部门之间要形成综合防治的合力，共同推动土地沙化防治工作的落实。

国际合作与资源投入对土地沙化的防治也很重要。加强国际合作，分享经验和技术，共同应对全球范围内的土地沙化问题，能够加快防治进程并推动技术创新。增加资金投入，为土地沙化防治提供充足的经费支持，能够支持相关项目的研究、培训和实施，以及引起社会各界对土地沙化防治的重视。

第二章　保护和建设草原生态系统的必要性

第一节 草原生态系统是地球的重要保护层

草原生态系统覆盖着广袤的土地，承载着丰富的生物多样性和独特的生态功能。草原作为地球的重要保护层，在多个方面发挥着举足轻重的作用。其中，其气候调节作用尤为突出。草原对气温和降水的调节影响广泛而显著，直接影响着地球的气候系统和人类社会的生存环境，主要有四个方面，如图 2-1 所示。

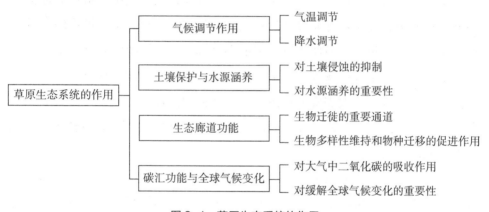

图 2-1 草原生态系统的作用

一、气候调节作用

草原作为地球的重要保护层，在气候调节方面发挥着重要作用。草原通过其植被组成和土壤特性，对气温和降水产生影响，对维持全球气候平衡和稳定具有重要意义。

（一）草原对气温的调节作用

草原作为广阔的自然生态系统，对气温的调节起着重要的作用。其植被覆盖和特有的生态结构使得草原具有较高的遮阴效应和保温能力，进而影响着周围环境的气温。草原对气温的调节作用主要体现在以下几个方面。

草原植被的高覆盖度能够减少太阳辐射直接照射到地表的面积，从而降低地表的热量吸收。相对于裸露的土地或建筑物密集的城市区域，草原的植被覆盖作用使得大部分的太阳辐射被植被吸收，而不是直接照射到地表。这导致草原地表的温度相对较低，形成了比较凉爽的微气候，使草原地区的气温较周围地区更为宜人。

草原植物的光反射率较高，能够将太阳辐射大部分反射回大气层，减少地表的热量吸收。草原植被的叶片通常具有较高的反射性，使得太阳辐射在植被表面被反射并散射，而不是被吸收和转化为热量。这样的光反射作用使得草原地表的温度较低，有助于防止热岛效应的形成。

草原植物的蒸腾作用也对气温调节起到重要作用。蒸腾是植物通过根部吸收土壤水分，并将水分通过叶片释放到大气中的过程。草原植物的大量蒸腾会消耗大量热量，从而使周围环境的温度降低。草原植物通过根系吸收土壤中的水分，将水分运输到叶片上，然后通过叶片蒸腾作用释放水蒸气。这个过程中，水分的蒸发需要消耗热量，从而使周围环境的温度降低。草原植物的蒸腾作用强烈，特别是在炎热的夏季，能够有效地降低地表温度，形成一个凉爽的气候环境。

此外，草原植物的根系也发挥着调节地下温度的作用。草原植物的根系能够深入土壤层，吸收地下水分，并将水分运输到地上部分供给植物进行光合作用和蒸腾作用。在这个过程中，草原植物通过根系吸收土壤中的热量，使得土壤的温度相对较低。草原植物的根系能够产生一定的保温效果，使得土壤的温度变化较为稳定。这些因素共同作用，使得草原地下的温度较为适宜，有利于土壤的养分循环和植物的生长发育。

（二）草原对降水调节的影响

1. 蒸腾作用与降水形成

草原植物通过根系吸收土壤中的水分，并通过叶片的蒸腾作用将水分释放到大气中。这个过程能够增加大气中的水分含量，提高空气的湿度。草原植物的蒸腾作用消耗大量热量，使得周围环境的温度下降。通过增加水分的蒸发，草原的蒸腾作用有助于增加大气中的水蒸气含量。当空气中的水蒸气达到饱和状态时，就会形成云和降水，促进降水的形成和增加降水量。因此，草原的蒸腾作用在一定程度上影响着降水的分布和数量。

2. 地表特性与降水分布

草原地表的特性对降水的分布也具有一定的影响。草原植被覆盖度较高，地表相对平坦，土壤具有一定的渗透性和保水性。这些特点使得降水水分能够较好地渗透到土壤中，减少地表径流量，有利于水分的储存和土壤水分的补给。草原植被的根系系统能够将水分渗入土壤层，有助于地下水的补给和维持水文循环的平衡。这种地表特性和土壤水分的调节作用，能够减少降水的流失，促进水分的有效利用和储存，对降水的分布起到一定的调节作用。

3. 植被与大气环流的相互作用

草原植被通过蒸腾作用和气体交换与大气环流进行相互作用，对降水的形成和分布产生影响。草原植被能够改变大气中的湿度和温度分布，影响大气层的稳定度和垂直运动，进而影响降水的形成和分布格局。例如，草原植被通过蒸腾作用释放的水蒸气可以提供大气中的凝结核，促使水蒸气凝结成云和降水。草原植被的遮阴效应可以影响局部大气的温度分布，形成对流运动，促进降水的发生。

二、土壤保护与水源涵养

草原生态系统在土壤保护和水源涵养方面发挥着重要的作用。草原植被的根系系统能够抑制土壤侵蚀，保持土壤的稳定性，同时草原作为重要的水源涵养区，能够调节水文循环，维持水资源的供应和可持续利用。

（一）草原对土壤侵蚀的抑制作用

草原植被对土壤侵蚀具有重要的抑制作用。草原植被覆盖度较高，能够有效地遮盖和保护土壤表面，减少水力冲击和风力侵蚀对土壤的侵蚀作用。草原植被的根系系统能够牢固地固定土壤颗粒，增加土壤的结构稳定性，防止土壤被水流或风力冲刷。草原植被还能够减缓降雨的冲击力，使雨水逐渐渗透到土壤中，减少径流的形成，从而降低土壤侵蚀的风险。

草原植被的根系系统能够增加土壤的持水性和抗蚀性。草原植物的根系能够使水分深入土壤层，提高土壤的含水量和持水性。这种持水性能够降低土壤的干燥程度，减少土壤表面的裸露，从而减缓水分的蒸发和土壤的风蚀。草原植物的根系还能够增加土壤的抗蚀性，减慢水流和风力对土壤的侵蚀速度。根系的纤维根和细根能够牢固地抓住土壤颗粒，形成一种稳定的土壤结构，防止土壤被水流冲刷和风力剥蚀。

草原植被的残留物也对土壤侵蚀起到一定的抑制作用。草原植物在生长季节会产生大量的残留物，包括枯枝、落叶、枯草等。这些残留物能够覆盖土壤表面，形成一层保护层，减少水流和风力对土壤的直接冲击和侵蚀。残留物能够减慢土壤表面的风速和水流速度，减少侵蚀力，同时能够增加土壤的有机质含量，改善土壤结构，提高土壤的持水性和抗蚀性。草原植被的残留物不仅能够抑制土壤侵蚀，还能够促进土壤的养分循环和有机质的积累，为植物生长提供养分和保护。

（二）草原对水源涵养的重要性

草原植被通过根系吸收土壤中的水分，并通过叶片的蒸腾作用将水分释放到大气中。这个过程有助于增加大气中的水蒸气含量，提高空气中的湿度。草原的大量蒸腾作用能够促进水循环的进行，加快降水的形成。通过调节土壤水分的释放和补给，草原植被维持了地区水资源的供应和水文循环的平衡。

草原植被的根系系统对水源涵养起着重要作用。草原植物的根系能够让水分深入土壤层，提高土壤的持水能力和水分储存量。这种持水能力能够减少水分的流失和蒸发，维持土壤水分的稳定性。草原植被通过调节土壤水分的补给和释放，有助于调节地下水位的变化，维持地表和地下水的平衡。草原的植被覆盖和根系系统能够保持土壤的湿润状态，为植物生长和生态系统的稳定提供水源。

草原地表覆盖着茂密的植被，植物的根系能够增加土壤的抗冲击能力。草原植物的根系系统能够牢固地抓住土壤颗粒，形成一种稳定的土壤结构，减缓降雨的冲击力。这使得降雨水分逐渐渗透到土壤中，增加土壤的含水量，减少地表径流的形成，降低洪水的风险。草原植被通过调节水流速度和冲击力，保护土壤表面的完整性，有助于保持水源的稳定和可持续利用。

三、生态廊道功能

（一）草原是生物迁徙的重要通道

草原地区通常是许多动植物迁徙的必经之地。候鸟、大型哺乳动物、昆虫等众多物种都在草原上进行迁徙、寻找食物、繁衍后代或逃避恶劣环境条件。草原的开放空间为这些物种提供了自由迁徙的机会。相比其他地形地貌，草原的广阔空间使得动物能够进行长距离的迁徙，从一个栖息地到达另一个栖息地，满足其生存需求。草原地区的植被也为动物提供了丰富的食物资源和庇护所，进一步吸引和支持它们的迁徙。

草原作为生物迁徙的通道，促使不同地区的动植物种群之间的交流和基因流动。动物迁徙是物种繁衍和适应环境变化的重要途径之一。通过迁徙，物种能够避开不利的季节条件，寻找更为适宜的繁殖地和觅食地，同时还能够避免过度竞争和遗传困境。草原作为连接不同栖息地的生态廊道，提供了物种迁徙的路径，使得动物能够在不同地区之间进行迁徙，完成其生活史的不同阶段。这种迁徙行为有助于物种之间的基因交流和混合，维持了生物的遗传多样性和适应性。

草原作为生态廊道，还对栖息地的连通和保护起到了重要作用。许多物种依赖连续的栖息地才能度过其生命周期的各个阶段。然而，人类活动和自然因素导致了栖息地的破碎化和隔离化，威胁着许多物种的存续。草原作为生态廊道能够连接不同的栖息地，提供了一条相对连续的通道，帮助物种在不同地区之间进行迁徙和栖息。这对于维持物种的连续性、减轻栖息地破碎化的影响至关重要。通过草原这一廊道，许多动物得以从一个栖息地迁移到另一个栖息地，寻找更适宜的环境条件和资源。

草原的开放空间和丰富的植被提供了动物迁徙所需的适宜环境。候鸟经过长途飞行，需要广阔的空间和合适的栖息地作为中途站点进行休息和觅食。草原为它们提供了丰富的昆虫、植物种子和开放的草地，满足其能量需求。大型哺乳动物，如羚羊和斑马等，也在草原上进行季节性的迁徙，以追随草地的生长和水源的变化。草原提供了广袤的草原和丰富的草本植被，为它们提供了足够的食物资源。草原的植被结构还为动物提供了躲避掠食者的场所。

许多物种需要在不同栖息地之间进行迁徙，以满足其生命周期中不同阶段的需求。草原作为连接不同生态系统的纽带，提供了一条相对连续的通道，使得物种能够顺利地迁徙和栖息。这种连通性有助于维持物种的连续性，防止栖息地的孤立化和破碎化，促进不同物种之间的相互作用和共生关系。

（二）草原对生物多样性维持和物种迁移的促进作用

草原的植被结构和物种丰富性使其成为生物多样性的热点地区。草原生态系统中存在着各种不同的植物物种，包括草本植物、灌木和低矮的树木等。这种丰富的植被为许多动物提供了适宜的栖息条件和食物资源。草原地区的环境因素，如光照、温度和水分等，也形成了多样的生境类型，适合不同物种的生存和繁衍。因此，草原作为生态廊道提供了丰富多样的生境，有利于维持和促进物种的多样性。

草原作为生态廊道有助于物种迁移和扩散。物种迁移是物种适应环境变化、扩大分布范围和避免种群遗传衰退的重要方式之一。草原作为连接不同栖息地的通道，为物种提供了迁移和扩散的路径。通过草原的生态廊道，物种能够从一个地区迁移到另一个地区，适应不同的环境条件和资源利用方式。这种物种迁移有助于增加物种的遗传多样性，避免遗传困境和种群灭绝的风险。

草原的连通性还有助于维持和增加物种的相互作用和共生关系。生物多样性不仅体现在物种的数量上，还包括物种之间的相互作用和依赖关系。通过生态廊道的连通性，物种能够在不同地区之间进行交流和互动，形成更为复杂和稳定的生态系统。例如，动物的迁徙和栖息地连通可以促进传粉和种子传播，维持植物的繁殖和更新；食物链和食物网的形成和运行也需要不同物种之间的相互作用和迁移。

四、碳汇功能与全球气候变化

（一）草原植被对大气中二氧化碳的吸收作用

草原植被在全球碳循环中扮演着重要的角色，具有显著的碳汇功能。植物通过光合作用吸收大气中的二氧化碳，并将其转化为有机物质。草原作为广袤的植被覆盖区域，其植物群落能够持续吸收大量的二氧化碳。

草原植物通过光合作用吸收大气中的二氧化碳。光合作用是植物利用阳光能量将二氧化碳和水转化为有机物质的过程。草原的植物具有丰富的叶面积和光合器官，如叶片和茎，能够充分利用光能，并通过光合作用将大气中的二氧化碳固定为有机碳。草原植物的光合作用效率较高，使其能够持续吸收大量的二氧化碳。

草原作为广阔的植被覆盖区域，其植物群落的总体光合作用活动对二氧化碳吸收具有重要意义。草原地区的植被覆盖度相对较高，形成了一个巨大的光合作用系统。这些植被通过光合作用吸收大量的二氧化碳，将其转化为有机物质，并将碳固定在植物体内。草原地区广阔的面积意味着其植物群落能够同时进行大量的光合作用，从而持续吸收大量的二氧化碳。

草原植物对大气中二氧化碳的吸收作用在全球碳循环中具有重要意义。二氧化碳是主要的温室气体之一，其浓度的增加是导致全球气候变化的主要原因之一。而草原植物通过光合作用吸收二氧化碳，有效地减少了其在大气中的含量。草原的植被覆盖度较高，其植物群落在广阔的面积上持续进行光合作用，吸收大量的二氧化碳。这使得草原具有强大的碳汇功能，帮助稳定全球气候。

（二）草原对缓解全球气候变化的重要性

草原作为地球上的一个重要生态系统，占据了全球陆地面积的大约20%。其特殊的地理分布、植被特征和生物多样性为维持地球生态平衡和稳定气候提供了有力支持。草原生态系统通过光合作用吸收大气中的二氧化碳，并将之转化为有机碳储存在植物体内。草原土壤中的有机碳库是地球上最重要的碳储存库之一，草原植被的生长、分解和土壤微生物的活动都有助于增加土壤碳储量。草原对碳的固定和储存能力不仅有助于降低大气中的二氧化碳浓度，还有利于减缓温室效应的加剧，从而降低全球气候变化的风险。

草原对水分的调节也对全球气候变化具有缓解作用。草原生态系统通过植被的蒸腾作用和土壤的渗透能力，有助于地表水和土壤水的循环。这种调节作用可以改善水资源分布，减少洪水和干旱等极端气候事件的发生。此外，草原植被具有保持水土的作用，可以减少径流量，增加地下水补给，提高水资源的可持续利用率。这种水分调节功能可以帮助维持地球水循环的平衡，降低气候变化对水资源的影响。草原植被通过反射、散热和蒸腾作用，可以调节地表温度，降低地表层的气温。这种调节作用有助于减缓地球表面温度的上升，从而降低全球气候变化的速度并减小其幅度。草原生态系统的温度调节功能可以减小地区性气候差异，并降低极端气候事件的发生概率。例如，草原地区的冬季降温作用有助于减缓冰川融化和海平面上升的速度；而夏季的降温作用则有利于防止高温对人类和生态系统的危害。这种温度调节功能对于缓解全球气候变化产生的不良影响具有重要意义。

草原生态系统对于维护生物多样性的重要性也不容忽视。草原生态系统是全球生物多样性的重要基地，拥有丰富的植物、动物和微生物资源。这些生物资源在保持生态系统平衡、促进生态功能完善和抵御外来生物入侵等方面起着关键作用。生物多样性的维护有助于提高生态系统的适应性和恢复力，使其在全球气候变化的背景下更有能力应对变化带来的压力。此外，生物多样性的保护还可以提高生态系统的稳定性，降低生态系统对气候变化的敏感性。

草原生态系统对于支持可持续发展具有重要作用。草原生态系统为人类提供了丰富的生态服务，包括碳汇、水资源调节、土壤保持、风沙固定等。这些生态服务对于保障人类社会的可持续发展具有重要价值。随着全球气候变化问题日益严重，保护和恢复草原生态系统已成为全球生态安全和气候治理的重要任务。加强草原生态系统的保护和管理，提高草原生态系统的功能和稳定性，可以为应对全球气候变化提供有力支持。

第二节　草原生态系统蕴含丰富的生物多样性

　　草原生态系统是地球上生物多样性的重要宝库，拥有丰富的植物、动物及其相互关联的生态功能。草原生态系统生物多样性对于维持生态平衡、保障人类福祉以及实现可持续发展具有重要意义。如图 2-2 所示。

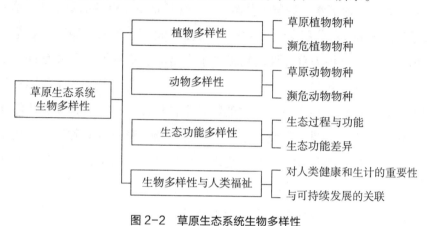

图 2-2　草原生态系统生物多样性

一、植物多样性

　　草原生态系统中的植物多样性是生物多样性的重要组成部分，不仅包括物种丰富性，还涉及植物种群的遗传多样性和生态功能多样性。草原植物多样性的维护与保护对于草原生态系统的稳定和气候变化的调节具有关键作用。

（一）草原植物物种丰富性及其生态功能

　　草原植物物种丰富性及其生态功能是维持草原生态系统稳定的关键因素之一。草原植物物种丰富性指的是草原中存在的不同植物物种的数量和多样性程度。草原是植物种类众多的生态系统之一，其植物物种丰富性往往比其他生态系统更高。在草原中，可以找到各种不同类型的植物，包括草本植物、灌木和少量的乔木。这些植物在草原生态系统中发挥着重要的生态功能。

第一，草原植物通过光合作用吸收二氧化碳，并释放氧气，对大气中的气体成分起到调节作用。草原植物的光合作用有助于减缓全球气候变暖，维持大气中的氧气含量，对于维护全球生态平衡具有重要意义。

第二，草原植物在土壤保持和水循环中起到重要作用。草原植物的根系可以固定土壤，防止水土流失和土壤侵蚀，维持土壤的稳定性。草原植物的根系也能吸收并储存地下水，调节水分循环，并保持地下水资源的稳定性。草原植物通过蒸腾作用将水分蒸发到大气中，形成云和降雨，维持水循环的平衡。

第三，草原植物为草食性动物提供了丰富的食物资源。草原是许多草食性动物的栖息地，包括牛、羊、马等。草原植物作为这些动物主要的食物来源，维持其生存和繁衍。草原植物的物种丰富性保证了草食性动物能够获取到多样化的食物，促进了草食性动物的生态平衡。草食性动物通过食用草原植物，帮助维持草原植物的生长和更新，促进植物种群的遗传多样性和物种丰富性。

第四，草原植物多样性对于维护生态平衡和保护生物多样性具有重要意义。首先，草原植物多样性有助于抵御外来入侵物种的侵袭。草原生态系统中的植物多样性能够提高生态系统的抗干扰能力，减少外来物种的入侵风险。不同物种的植物在资源利用、生长周期和生态地位上存在差异，从而降低了外来物种对资源的竞争，维护了草原生态系统的稳定性。

第五，草原植物多样性对于保护濒危物种和维护生物多样性具有重要作用。草原是许多濒危物种的重要栖息地和食物来源。草原植物的多样性提供了适宜的栖息地和食物选择，有助于维持濒危物种的种群数量和遗传多样性。保护草原植物多样性，能够保护草原生态系统中的濒危物种，维护生物多样性的完整性。

第六，草原植物的多样性也对于实现可持续发展具有重要意义。草原是重要的牧草资源和草畜平衡区，对于畜牧业的发展和农牧民的生计具有重要作用。保护草原植物多样性有助于维持牧草的丰富性和优质性，提高畜牧业的生产效益和可持续性。草原植物的多样性也为生态旅游和环境教育提供了宝贵的资源，促进了草原地区的可持续发展。

（二）濒危植物保护与草原生态系统的重要性

濒危植物的保护是保护草原生态系统和维护生物多样性的重要任务之一。濒危植物指的是那些面临灭绝风险、种群数量急剧减少的植物物种。濒危植物的保护对于维护草原生态系统的稳定性、保护生态平衡以及保障人类福祉具有重要意义。

1.生物多样性维护与生态平衡

濒危植物是草原生态系统中的重要组成部分，它们在生态系统中扮演着独特的角色。每个植物物种都与其他物种相互依存和相互作用，构成了复杂的生态网络。当濒危植物受到威胁或灭绝时，这种相互作用链条可能会被破坏，导致生态系统的不稳定和生物多样性的丧失。濒危植物通常在草原生态系统中具有特定的生境需求和生态位，它们与其他植物、动物和微生物形成复杂的生态关系。例如，某些濒危植物可能是特定昆虫的食物来源，而这些昆虫又是其他动物的食物。当濒危植物减少或消失时，整个食物链可能受到影响，导致其他物种的数量下降甚至灭绝。因此，保护濒危植物有助于维护草原生态系统中的生态平衡和生物多样性。

2.草原生态系统功能的维护与恢复

濒危植物在草原生态系统中发挥着重要的生态功能，对维持生态系统的稳定性和功能具有重要作用。濒危植物在土壤保持和水资源管理方面发挥着重要作用。它们的根系能够固定土壤、防止水土流失，并且有助于地下水的储存和水循环的调节。保护濒危植物有助于维持草原生态系统的水土保持功能，保护水资源的可持续利用。濒危植物对于空气质量的改善和气候调节也起着重要作用。濒危植物通过光合作用吸收二氧化碳，并释放氧气，有助于减少大气中的温室气体浓度，缓解气候变化的影响。濒危植物的生长也能够吸收空气中的污染物和有害气体，净化空气质量，改善人类居住环境。保护濒危植物有助于维护草原生态系统的空气质量和气候调节功能。

3.经济和社会价值的保障

濒危植物的保护对于人类的经济和社会福祉具有重要意义。草原植物是许多传统草原社区的重要资源，对于当地居民的生计和文化传统至关重要。

草原植物提供了食物、草料、药材、建材等资源，保护濒危植物有助于支持畜牧业、草原旅游等产业的发展，保障当地社区的可持续发展和经济繁荣。每个植物物种都承载着独特的基因信息和生物学特征，对于科学研究和生物多样性保护具有重要意义。濒危植物的保护和研究有助于深入了解植物生态学、进化生物学和环境保护等领域的知识，推动科学的进步和创新。濒危植物的保护和教育，能够提高公众对生物多样性保护的认识和意识，培养环境保护意识和可持续发展的价值观。

二、动物多样性

草原生态系统不仅包含丰富的植物群落，还拥有独特而多样化的动物群落。草原动物的物种多样性及其在生态系统中的角色对于维持草原生态平衡和生物多样性的稳定具有重要意义。

（一）草原动物物种多样性及其生态角色

草原生态系统是一个丰富多样的动物栖息地，拥有各种哺乳动物、鸟类、爬行动物、昆虫等物种。草原动物的物种多样性对于维持生态系统的稳定性和功能发挥至关重要，它们在生态系统中扮演着各种生态角色。

草原中的草食性动物是草原生态系统的重要组成部分。它们以草本植物为主要食物来源，包括大型草食动物如牛、羊、马等，以及小型草食动物如野兔、田鼠等。草食性动物通过食用植物，影响植物的生长和分布，维持植物群落的平衡。它们可以帮助剪短过高的植物，促进植物再生和新陈代谢，从而保持草原植被的健康状况。此外，草食性动物的食物选择和取食行为还有助于形成植物物种的竞争关系，推动物种适应性和进化。

草原中的肉食性动物在食物链中居于高位捕食者的地位。它们包括狼、狮子、豹子等大型肉食动物，以及一些小型肉食性哺乳动物和鸟类。这些肉食性动物控制了草食性动物的数量和分布，起到了生态调控的作用。通过捕食控制，肉食性动物帮助维持草食动物种群的健康状态，防止过度放牧和过度繁殖，从而减轻了对植物的压力和竞争，有助于维持植物群落的多样性和稳定性。

草原生态系统中还存在着许多杂食性动物。杂食性动物如一些鸟类、啮齿类动物和爬行动物，以植物和昆虫为食，扮演着重要的中间环节角色。它们通过食物链中的转化，将植物能量转化为其他动物群落的能量，促进了能量流动和物质循环。

草原动物的物种多样性不仅对生态系统本身具有重要意义，还对人类社会具有重要的经济、文化和生态服务价值。草原是畜牧业的重要基地，草食性动物提供了丰富的牧草资源，支持着畜牧业的发展，并带来经济收入。草原动物也是生态旅游的重要资源，吸引了大量游客前来观赏和体验草原的独特生态风景。

（二）濒危动物保护与草原生态系统的生物多样性维护

濒危动物保护是保护草原生态系统和维护生物多样性的重要任务之一。濒危动物指的是那些面临灭绝风险、种群数量急剧减少的动物物种。濒危动物的保护对于维护草原生态系统的稳定性、保护生态平衡以及保障人类福祉具有重要意义，其具体体现如图2-3所示。

生态平衡维护与　　　　　遗传多样性维护
生物多样性保护　　　　　与物种保护

生态旅游与　　　　　　　社会教育与环境
可持续发展　　　　　　　意识提升

图2-3　濒危动物保护对于草原生态系统的意义

1.生态平衡维护与生物多样性保护

濒危动物在草原生态系统中扮演着重要的生态角色，它们与其他物种相互依存和相互作用，构成复杂的生态网络。每个物种都有其独特的生境需求和生态位，当濒危动物受到威胁或灭绝时，这种相互作用链条可能会被破坏，导致生态系统的不稳定和生物多样性的丧失。濒危动物通常在草原生态系统中具有特定的食物链位置和生态角色。它们可能是关键的掠食者、种子传播者、花粉传播者或其他重要的生态功能执行者。濒危动物的数量减少或灭绝可能会破坏食物链的结构和功能，导致生态系统的紊乱和不稳定。

濒危动物通常是特定生境类型的指示物种，它们对环境的敏感性使得它们成为生态系统变化的重要指示器。濒危动物的存在或消失反映了草原生态系统健康状况和生态质量。因此，保护濒危动物对于维护生态平衡和保护草原生态系统的生物多样性至关重要。

2.遗传多样性维护与物种保护

濒危动物的保护对于维护草原生态系统的遗传多样性和物种完整性具有重要意义。濒危动物往往具有独特的遗传信息和适应性基因，对它们的保护有助于维持物种的遗传多样性和提高其适应能力。保护濒危动物可以防止基因流失和基因漂移，减少遗传变异的丧失，维护种群的健康和适应性。这对于草原生态系统的长期稳定和生物多样性的维护至关重要。

3.生态旅游与可持续发展

对濒危动物的保护也对草原地区的生态旅游和可持续发展具有重要影响。草原生态系统是独特的自然景观，吸引着大量游客前来观赏和体验。而濒危动物往往是生态旅游的重要资源，如草原狼等。保护濒危动物能够提升草原生态旅游的吸引力，促进旅游业的发展，为当地经济带来收益。

生态旅游的开展也需要注重可持续发展的原则。保护濒危动物意味着保护它们的栖息地和生态环境，这有助于维持草原生态系统的完整性和稳定性。合理规划和管理旅游活动，避免过度扰乱和破坏，可以实现生态旅游与濒危动物保护的良性互动。这样的可持续发展模式不仅满足了人们对自然景观的需求，还保护了濒危动物的生存空间，维护了草原生态系统的生物多样性。

4.社会教育与环境意识提升

对濒危动物的保护对于社会教育和环境意识的提升具有重要意义。开展濒危动物的宣传教育活动，加强公众对濒危动物的认识和了解，可以引发人们对生物多样性保护的关注和重视。展示濒危动物的珍贵性和生态重要性，能够提高公众的环境意识和保护意识，激发公众参与保护濒危动物和草原生态系统的行动。

教育和意识提升不仅局限于公众层面，还包括相关管理部门、企业和社区的参与。相关管理部门可以完善相关法律和政策，加强濒危动物的保护和管理措施，并提供相应的经费和资源支持。企业可以积极参与社会责任，采取环保措施，减少对濒危动物及其栖息地的影响，推动可持续经营。社区层面可以组织志愿者活动、开展环境教育项目，促进当地居民的参与和意识提升。

三、生态功能多样性

生态功能多样性是指生态系统内不同物种和生物群落通过其生物学特征和生态过程而提供的各种功能和服务。草原生态系统具有丰富的生态功能，这些功能对于维持生态平衡、支持物种多样性和实现可持续发展具有重要意义。

（一）生态过程与功能

草原生态系统中的生态过程和功能包括物质循环、能量流动、水资源调节、土壤保持、气候调节等。这些生态过程和功能相互作用，共同维持着草原生态系统的稳定性和生物多样性。

物质循环是草原生态系统的基本功能之一。草原植物通过光合作用将太阳能转化为化学能，并固定二氧化碳。植物通过吸收水和土壤中的营养物质，合成有机物质并释放氧气。草食性动物摄食植物，将有机物质转化为能量和营养物质。食肉动物则通过捕食草食性动物来获取能量。这种物质循环维持了能量和营养物质的流动，促进了草原生态系统的稳定性。

能量流动是草原生态系统的重要生态过程。能量从植物层级传递到草食性动物、食肉动物等不同层级。植物通过光合作用将太阳能转化为生物能量，成为食物链的起始者。草食性动物以植物为食，而食肉动物则以草食性动物为食。这种层级传递维持了生态系统的能量平衡，支持了动物群落的存在和稳定。

水资源调节是草原生态系统的重要功能之一。草原植被具有较高的覆盖率和根系系统，可以减少水分的流失和蒸发。草原植被通过根系吸收和储存水分，减少了土壤水分的流失。植物的根系还可以增加土壤的渗透性和保水能力，有助于调节水文循环。这种水资源调节功能对于草原地区的水文平衡和水资源的可持续利用至关重要。

土壤保持是草原生态系统的重要生态功能之一。草原植被的根系和地下茎能够固定土壤颗粒，减少水土流失和土壤侵蚀。植被覆盖可以减少雨滴对土壤的冲击力，降低径流速度，有助于保持土壤的完整性和稳定性。草原植被的根系还能够改善土壤结构，增加土壤的有机质含量，提高土壤的保水能力和养分含量。这些措施有助于防止土壤侵蚀和土壤状况的恶化。

草原生态系统的物种保护和生物多样性维持也是其重要的生态功能。草原是许多物种的栖息地和繁殖场所，包括草食性动物、肉食性动物和杂食性动物等。草原植被的丰富性和多样性为各种物种提供了适宜的栖息条件。草原植被可以提供食物和庇护所，支持着丰富的生物群落。草食性动物以草原植物为食，维持了植物群落的平衡和生物多样性。食肉动物通过捕食草食性动物，调控了动物群落中的种群数量和结构，维持了生态系统的稳定性。

草原植被通过光合作用吸收二氧化碳，并释放氧气，参与大气中的气体交换。草原植被的茂盛和生长活动有助于调节气候，减少温室气体的排放。草原的保护和恢复可以降低温室效应，减缓气候变化的影响，这是草原生态系统的气候调节功能。

草原生态系统还提供了一系列生态服务，对人类社会具有重要意义。草原植被的覆盖和根系系统有助于土壤保持和防止土壤侵蚀，减少了洪水和土壤侵蚀的风险。草原植物的光合作用和气体交换有助于提高空气质量，净化大气中的有害物质。草原还为畜牧业提供了重要的牧草资源，支持农牧业的发展，并带来经济收益。草原作为独特的自然景观，也吸引了大量的生态旅游，为当地经济带来了收入和就业机会。

（二）生态功能差异

草原是一个广泛的生态系统，包括多种不同类型的草原，如草原、草甸和沼泽草原等。不同草原类型在地理位置、气候条件、土壤特征等方面存在差异，因此它们的生态功能也会有所不同，如图 2-4 所示。

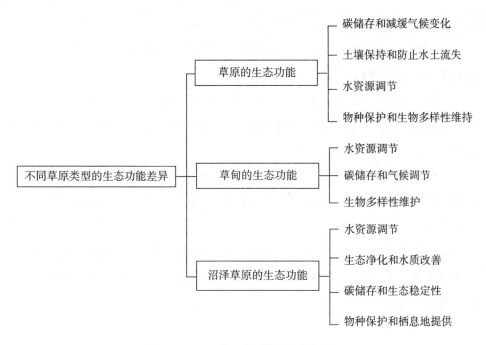

图2-4　不同草原类型的生态功能差异

1.草原的生态功能

草原是以草本植物为主要组成的生态系统。草原植被具有较高的耐旱性和抗风蚀能力，对于土壤保持和水资源调节具有重要作用。草原的生态功能主要包括以下方面。

碳储存和减缓气候变化。草原植物通过光合作用固定大量的二氧化碳，并将其储存在地下部分和土壤中，起到碳储存的作用。草原的保护和恢复有助于减缓气候变化。

土壤保持和防止水土流失。草原植被的根系系统能够固定土壤颗粒，减少水土流失和土壤侵蚀的发生。草原植被的茂盛和覆盖能够降低降雨对土壤的冲击力，保持土壤的稳定性。

水资源调节。草原植被的根系能够吸收和储存水分，减少水分的流失和蒸发。草原植被覆盖能够增加土壤的渗透性和保水能力，有助于维持水循环的平衡。

物种保护和生物多样性维持。草原是许多物种的栖息地和繁殖场所。草原的保护对于维护物种的完整性和生物多样性具有重要意义。

2.草甸的生态功能

草甸是一种湿润的草原类型，通常位于高纬度地区或高海拔山脉上。草甸的生态功能主要包括以下方面。

水资源调节。草甸的植被和土壤具有较高的保水能力，能够吸收和储存大量的水分。草甸植被的茂盛有助于减缓洪水的发生，并维持水体的稳定性。

碳储存和气候调节。草甸植被通过光合作用吸收二氧化碳，并将其储存在植物体内和土壤中。草甸的保护有助于减少温室气体的排放，减轻气候变化的影响。

生物多样性维护。草甸是许多稀有和特殊植物物种的栖息地，同时也是许多鸟类和昆虫的重要栖息地和繁殖场所。草甸的保护有助于维护物种的完整性和生物多样性。

3.沼泽草原的生态功能

沼泽草原是一种湿地草原类型，通常富含湿地植被和湖泊、河流等水体。沼泽草原的生态功能主要包括以下方面。

水资源调节。沼泽草原具有很高的水分保持能力，能够吸收和储存大量的水分。它们有助于降低洪水的发生，并维持水体的稳定性。

生态净化和水质改善。沼泽草原的植物和土壤具有良好的净化作用，能够去除水中的营养物质和有机污染物。沼泽草原的保护有助于改善水质和维持生态系统的健康。

碳储存和生态稳定性。沼泽草原植被通过吸收二氧化碳和固定有机碳，起到碳储存的作用。它们也能够减少土壤氧化和有机物分解，维持生态系统的稳定性。

物种保护和栖息地提供。沼泽草原是许多湿地物种的栖息地和繁殖场所，包括湿地植物、鸟类、两栖动物等。沼泽草原的保护对于维护湿地生物多样性和栖息地的完整性至关重要。

四、生物多样性与人类福祉

（一）对人类健康和生计的重要性

草原生物多样性对于食物安全至关重要。草原是许多重要粮食作物的产区，如小麦、玉米和大豆。草原的生物多样性维护了复杂的生态平衡，促进了植物的生长和繁殖。草原上的植物种类丰富，为农作物提供了天然的授粉者和生物防治服务，有助于减少农药的使用，提高农作物的产量和质量。此外，草原还提供了丰富的野生食物资源，为人们的日常膳食提供多样性。

草原是重要的水源涵养区和自然水净化系统。草原植被能够有效地保持土壤水分，减少水土流失，防止水源的枯竭和水质的恶化。草原上的植物根系能够增强土壤的保水能力，稳定地下水位，维持河流和湖泊的水量供给。草原也是许多重要河流和湖泊的重要源头，对维持地区水循环和供水的稳定性起着至关重要的作用。

草原植被通过光合作用吸收二氧化碳，并释放氧气，对缓解温室气体排放影响、减缓气候变化起到重要作用。草原上的植物还能够吸收大量的降水并蒸发释放，调节地区的气候湿度和温度。草原的植被覆盖也能够减少土壤表面的太阳辐射，减缓土地的干燥和沙化过程。因此，草原生物多样性的保护对于维持地区的气候稳定和生态平衡具有重要意义。

草原是许多文化和社区的重要组成部分。当地居民主要依赖草原生物多样性维持他们的传统生活方式和文化活动。草原提供了丰富的草原植物和野生动物资源，用于食物、药材、工艺品等方面。草原还承载着许多传统习俗、庆典和仪式，对于社区的凝聚力和身份认同起到重要作用。保护草原生物多样性不仅是生态系统的需要，也是文化和社区的需要。

（二）与可持续发展的关联

生物多样性保护与可持续发展密切相关，二者之间存在着紧密的相互关系。生物多样性是地球生态系统的基础，对于维持生态平衡、提供生态系统服务以及人类的生计和福祉至关重要。可持续发展的目标是在满足当前需求的基础上，确保未来世代也能够满足其需求，而生物多样性保护是实现可持续发展的前提条件之一。

生物多样性保护是可持续发展的基础。生物多样性是自然生态系统的核心组成部分，是地球上生命存在和繁衍的基础。保护生物多样性意味着保护、维护各种生物群落与物种的完整性和功能。这不仅有助于维持生态平衡，还能够提供许多生态系统服务，如水源涵养、土壤保持、气候调节等。可持续发展必须建立在生物多样性的保护和可持续利用基础上，才能确保资源的长期可持续利用，维持人类社会的发展。

可持续发展实践有助于促进生物多样性的保护与恢复。可持续发展包括合理利用资源、保护环境、促进社会进步等方面的努力，能够提供保护生物多样性的框架和工具。例如，推行可持续的土地管理和规划，保护自然栖息地，为物种提供适宜的栖息环境；采用可持续的农业和林业管理方法，减少化学农药的使用，保护土壤和水质，减少对生物多样性的不利影响。此外，可持续发展实践还包括推动环境教育和意识提升活动，增强公众对生物多样性保护的认识和意识，促进公众参与和合作，推动生物多样性保护工作的开展。

生物多样性保护促进可持续发展的经济效益和社会效益。生物多样性的保护和恢复为许多经济产业提供了重要支撑，如旅游业、渔业、农业等。保护自然景观和野生动植物资源可以吸引游客，推动旅游业的发展，并为当地社区带来经济收益和就业机会。此外，生物多样性的保护也为传统知识和文化的传承提供了支持，有利于保护当地居民的生计和文化传统。因此，生物多样性保护与可持续发展之间存在着紧密的经济和社会联系，保护和合理利用生物多样性，可以促进可持续经济和社会的发展。

可持续发展的政策和实践也需要考虑生物多样性保护。国际社会和各国政府已意识到生物多样性保护的重要性，并采取了一系列政策和行动来促进生物多样性的保护与可持续发展的实现。例如，《生物多样性公约》等国际协议和框架，鼓励各国采取措施保护和恢复生物多样性；将生物多样性保护纳入国家和地区的可持续发展战略和规划中，加强法律法规的制定和实施，推动可持续发展与生物多样性保护的协同进展。

第三节 草原生态系统可提供重要生产资料

草原生态系统是地球上广袤而宝贵的生态系统之一，其丰富的生物多样性和丰富的资源使其成为重要的生产资料提供者。草原不仅提供了饲草资源，支持畜牧业的发展，还拥有独特的生态景观，为生态旅游提供了丰富的资源。此外，草原植被和材料在生态修复和工程建设中起着重要的作用。草原还孕育着丰富的药用植物，拥有悠久的草原药物文化。

一、提供饲草资源

（一）草原作为牲畜饲养的重要供给来源

草原是牲畜饲养的重要供给来源之一，其丰富的饲草资源为牲畜的生长和发展提供了重要的营养支持。草原上的天然植被包括各类牧草和野生草本植物，具有丰富的蛋白质、碳水化合物和其他营养物质，是牲畜理想的食物来源。

草原作为牧畜业的重要供给来源，对维持畜牧业的健康和可持续发展至关重要。牲畜可以通过采食草原上的植物获得所需的营养物质，包括纤维素、蛋白质、维生素和矿物质等。这些营养物质是牲畜生长、生殖和产奶所必需的。草原上的植物种类丰富多样，提供了不同季节和气候条件下的饲草选择，使牲畜能够适应不同的环境变化。

草原牧场的养牛、养羊等畜牧业活动也为当地农民提供了重要的经济收入来源。牲畜饲养业在草原地区是一项传统而重要的生计方式，为农村地区创造就业机会，提供了家庭收入和社区经济的支持。

（二）可持续利用草原饲草资源的重要性

可持续利用草原饲草资源对于保护草原生态系统的健康和实现可持续发展具有重要性。草原作为牲畜饲养的重要供给来源，为牲畜的生长和发展提供了重要的营养支持。草原上的天然植被丰富多样，具有丰富的蛋白质、碳水化合物和其他营养物质，是牲畜理想的食物来源。草原牧场的养牛、养羊等畜牧业活动也为当地农民提供了重要的经济收入来源，推动了农村地区的经济发展。

合理利用草原饲草资源是维护草原生态系统健康的关键。然而，草原是一个相对脆弱的生态系统，过度放牧和过度利用会导致土壤侵蚀、植被退化以及草原生态系统的破坏。因此，可持续的草原管理和饲草资源利用对于保护草原生态系统的稳定至关重要。适度的放牧和合理的饲草采摘有助于控制植被的生长和避免过度蓄积，维持植被的多样性和健康。

可持续利用草原饲草资源还对维持生物多样性和生态系统的稳定起到重要作用。合理的放牧管理和畜牧业轮转放牧可以减小对草原植被的压力，使植被得以恢复和繁衍。草原植被的多样性提供了适宜的栖息地和食物来源，维持了草原生态系统中各种植物和动物的生存和繁衍。保护草原植被的多样性也有助于维持草原生态系统的稳定性和抗干扰能力。

合理管理和利用饲草资源可以确保牲畜的饲养质量和数量，提高畜牧业的产量和质量。这有助于增加农民和畜牧业者的经济收入，促进农村地区的经济发展。畜牧业在草原地区是当地社区的传统经济活动，与当地居民的生活方式和文化密切相关。草原上的牧民传承着畜牧业技能和知识，草原上的牧歌、民间故事和文化传统也与畜牧业紧密相连。因此，可持续利用草原饲草资源不仅有助于维持畜牧业的经济可持续性，还有助于保护和传承当地的社会和文化价值观。

为了实现可持续利用草原饲草资源的目标，可以采取一些关键措施。首先，建立科学合理的放牧管理制度，包括合理的放牧强度和轮牧制度，以保护植被的恢复和再生。其次，推广先进的畜牧业技术和方法，提高饲养效率和产品质量，减少资源浪费和减轻环境负荷。再次，加强草原监测和评估，及时发现和解决植被退化等问题，保持草原生态系统的健康状况。最后，加强农民和畜牧业者的教育和培训，提高他们对可持续利用草原饲草资源的认识。

二、提供生态旅游资源

（一）草原景观与生态旅游的关系

草原景观与生态旅游之间存在着密切的关系。草原作为自然景观的重要组成部分，具有原生态特征和生物多样性，拥有独特的生态环境和壮丽的美景，吸引了众多游客进行生态旅游。草原生态系统的广袤，以及辽阔的视野和清新的空气，给人一种宁静和舒适的感受。草原上的野生动植物丰富多样，独特的物种组成和生态链条吸引着游客对自然生态的探索和观察。游客可以欣赏到草原上奔跑的牛羊、远处飞翔的鸟类以及绵延起伏的青翠草地，从而与自然建立起联系。

草原作为广袤的自然草地，为徒步旅行、骑马、野外拓展等户外活动提供了广阔的舞台。游客可以在草原上感受自由、放松和挑战自我的乐趣。他们可以漫步在青翠的草地上，感受大自然的美丽和宁静；或者骑马穿越草原，领略草原的辽阔和壮丽；还可以进行野外拓展活动，体验团队合作和挑战自我。草原还是观赏日出日落、星空等自然景观的理想地点。在草原上，游客可以欣赏到日出时分草原上泛起的橙红色，以及日落时分天空被染上金黄色的壮丽景象。在晴朗的夜晚，草原上的星空给人带来无限遐想和震撼。这些自然景观为游客提供了独特的体验和美好回忆。

（二）草原生态旅游对地方经济的拉动作用

草原生态旅游创造了就业机会和增加了收入来源。随着生态旅游业的兴起，草原地区成为吸引游客的热门目的地。生态旅游业需要各种服务人员，如导游、马夫、厨师、接待员等，为当地居民提供了就业机会。这不仅改善了当地居民的生活水平，还提供了多样化的就业选择，减少了农村劳动力的流失。

旅游业的繁荣促进了餐饮、住宿、交通等相关产业的发展。当地的餐饮业可以提供各类特色美食，让游客品尝当地的传统美食。住宿业可以提供舒适的住宿环境，满足游客的休息和住宿需求。交通业可以提供便捷的交通工具和服务，将游客从各地运送到草原旅游目的地。这些产业的发展为当地带来了更多的经济收入，推动了地方经济的增长。

草原生态旅游促进了地方商品和文化的推广。作为旅游目的地，草原地区的特色产品和文化艺术得到了展示和推广的机会。游客可以购买当地特色的手工艺品、纪念品和农产品，为当地的农民和手工业者创造了销售机会。草原地区的传统文化艺术，如民俗表演、牧歌演唱等，也可以通过生态旅游来展示和传承，促进当地文化的发展和保护。

草原生态旅游对于地方基础设施建设的推动具有重要作用，随着生态旅游的兴起，当地需要改善交通、餐饮、住宿等基础设施，以提供更好的旅游体验。这促使了当地政府和企业加大基础设施建设的投入，带来了现代化的交通网络、舒适的酒店和餐饮设施，提升了旅游目的地的吸引力和竞争力。这不仅为游客提供了更好的旅游体验，也为当地居民提供了更好的生活和工作条件。

三、生态保护与修复材料

（一）草原植被在生态修复中的应用

草原植被具有土壤保持和水资源管理的功能。草原植被的根系发达、茂密的地上部分和多层次的植被结构有助于固定土壤，减少土壤侵蚀和水土流失。草原植被能够有效地吸收雨水，并将水分渗透到土壤深层，减少地表径流和洪水的发生，有助于维持水资源的稳定和可持续利用。

草原植被的恢复能够提供适宜的栖息地和食物来源，吸引和维持多样性的动植物群落。草原植被的多样性对于维持生态系统的稳定性和抗干扰能力具有重要意义。种植和恢复当地的草原植被，可以重建生态系统的结构，并增强其功能，促进草原生态系统的恢复和健康发展。草原植被的根系能够增加土壤的有机质含量，改善土壤结构，提高保水能力。草原植被通过根系分泌物和植物残体的分解释放有机质和养分，有助于提高土壤的肥力并改善养分循环。种植和恢复草原植被，可以逐步修复退化的草原土壤，提高土壤质量和生态系统的健康水平。

草原植被在防风固沙和抑制沙尘暴方面具有重要作用。草原植被能够有效地抵御风沙的侵蚀，通过形成植被覆盖和形成根系网状结构，稳固土壤表面，减少沙尘的飞扬和沙漠化的扩张。草原植被能够阻止风沙的运动，起到防风固沙的作用。种植草原植被，特别是种植具有抗风沙特性的植物，可以有效减少沙尘暴的发生频率和强度，保护周边地区的生态环境和人类健康。

（二）草原材料在生态工程建设中的重要性

草原材料在生态工程建设中扮演着重要的角色。生态工程是利用自然材料和生物工艺方法来修复和保护生态系统的工程措施。草原材料由于生物降解性和可再生性的特点，可以在自然环境中被分解和降解，不会对生态系统造成长期的污染和负面影响。草原植被具有快速生长和繁殖的特点，能够持续供应丰富的材料资源，满足生态工程建设的需求。

由于草原植被生长在草原环境中，经过长期的自然选择和适应，其材料具有较强的适应性和生存能力。这些材料能够在不同的土壤类型、气候条件和生境中生长、繁殖，能够快速建立起植被覆盖，发挥保护土壤、抑制侵蚀和固定沙土的作用。此外，草原材料在生态工程建设中具有良好的工程性能。草原材料具有较高的抗风蚀能力和固土性能，能够有效减缓风沙的侵蚀和预防沙尘暴的发生。草原材料在水资源管理中也起到重要作用，具有保水和调节水分的能力，能够减少水体流失和地表径流，提高水资源的利用效率。此外，草原材料还能够吸附和分解污染物质，提高土壤和水体的质量，促进生态系统的恢复和健康发展。

草原材料还可以应用于护坡、护岸、固沙、绿化、土壤改良、水土保持等方面。选择合适的草原材料和合理的应用技术，可以形成稳定的植被覆盖，保护土壤、水资源和生物多样性，实现生态系统的恢复和保护。

四、提供药用植物资源

（一）草原药用植物的丰富性和药用价值

草原地区的生态环境和气候为药用植物的生长提供了良好的条件。草原地区通常为较为干燥、寒冷的高原气候，这些特殊的环境条件造就了独特的草原药用植物群落。草原地区的日照充足、土壤肥沃，往往受到人类活动的较少干扰，使得许多草原药用植物能够茁壮生长，并积累丰富的有效成分。

草原药用植物丰富的化学成分赋予了它们多种药理活性和疗效。草原药用植物被广泛应用于传统医学中，用于治疗各种疾病。例如，藏草被用作抗氧化剂和抗疲劳药物，贝母被用于治疗咳嗽和肺炎等呼吸系统疾病。许多草原药用植物的有效成分也被提取和制成现代药物，用于药物研发和治疗。草原药用植物的药用价值不仅体现在对疾病的治疗和症状的缓解上，还体现在保健和健康维护上。草原药用植物富含抗氧化剂、多种维生素、矿物质和纤维素等有益成分，具有滋补、养颜、增强免疫力等功能。例如，苦荞富含维生素C、抗氧化剂和膳食纤维，有助于降低胆固醇、改善消化系统和预防慢性疾病。马齿苋富含多种维生素、矿物质和抗氧化物质，具有抗炎、抗菌和保护心血管健康的作用。

此外，草原药用植物还具有独特的药用特性和疗效。许多草原药用植物被发现具有抗肿瘤、抗病毒、抗菌、抗炎、镇痛和免疫调节等药理作用。例如，党参具有补气养血、增强免疫力和改善心血管功能的功效。冬虫夏草被广泛应用于抗疲劳、抗氧化和增强免疫力等领域。草原药用植物的药用价值不仅适用于传统医学领域，也引起了现代药物研发机构的兴趣。许多草原药用植物的有效成分被提取和纯化，用于开发新药和制造保健品。草原药用植物成为药物研究和创新的重要资源，为人类健康和医疗领域带来了助力。

（二）草原药用植物的保护与合理利用

草原药用植物的保护对于维护生物多样性和生态系统的稳定至关重要。草原药用植物是生态系统中重要的组成部分，其保护与维持草原生态系统的完整性和稳定性密切相关。草原药用植物的保护包括保护其自然栖息地、控制非法采集和破坏行为、加强监测和管理等措施。保护草原药用植物能够保持其种群数量和分布范围，确保其在生态系统中发挥重要的生态功能。

合理利用草原药用植物资源可以满足人们对药用植物的需求，同时确保资源的可持续利用和保护。合理利用包括科学种植、合规采集和加工、制定规范和标准等措施。科学种植草原药用植物可以增加资源供应，减少对野生资源的依赖。合规采集和加工要遵循相关法律法规，确保采集过程不损害植物的生存和繁殖。制定规范和标准可以保证草原药用植物产品的质量和安全，增加市场竞争力。加强草原药用植物的研究和开发，推动创新和科技应用，有助于提高资源利用效率和开发新产品。深入研究草原药用植物的药理活性和化学成分，可以开发出更高效、更安全的药物和保健品。借助现代科技手段，如生物技术和分子生物学，可以加快草原药用植物的选育和繁殖，提高产品的品质和产量。

保护与合理利用草原药用植物资源需要相关管理部门、科研机构、产业界和社会各方的共同努力。相关管理部门完善草原药用植物保护的立法和监管措施，制定相关政策和法规，明确资源的归属和管理责任；建立监测和评估体系，加强对草原药用植物资源的调查和监测，及时发现和应对潜在的威胁和问题。科研机构应加强对草原药用植物的研究和开发，深入了解其药理活性、成分分析和药用价值，为其保护和合理利用提供科学依据；开展草原药用植物的繁育与栽培研究，提高种植技术和生产效益，推动草原药用植物产业的可持续发展。产业界应积极参与草原药用植物的保护和合理利用，遵循规范的采集和加工流程，推行可持续发展的经营理念；加强品牌建设和市场开拓，提高草原药用植物产品的知名度和市场竞争力；开展宣传和教育活动，提高公众对草原药用植物保护和合理利用的意识，倡导绿色消费和可持续生活方式。加强公众教育，提高大众对草原药用植物重要性的认识和理解，进而增强保护草原药用植物的意识；鼓励社会组织和志愿者参与草原药用植物的保护活动，共同推动草原生态环境的改善和可持续发展。

第四节 草原生态系统是牧区社会发展的基础

一、畜牧业发展

(一)草原是畜牧业发展的基础资源

草原是饲草资源的来源,为畜牧业提供了丰富的食物和营养。草原地区的丰富的植被种类使得畜牧业能够选择适合不同畜禽的饲草种类,满足它们的生长和发育需求。草原地区的天然草场和牧草地提供了广阔的放牧场地,为畜牧业的生产提供了充足的空间。

草原还提供了丰富的水源,保证了畜牧业的水资源供给。草原地区的湖泊、河流、湿地和地下水资源构成了畜牧业的重要水源。这些水源不仅满足了牲畜的饮水需求,还为牧民提供了生活用水和农田灌溉的水源。水源的充足与质量的良好直接关系到畜牧业的发展和畜禽的健康。

草原生态系统还为畜牧业提供了良好的生态环境。草原的生态系统特点包括土壤肥沃、植被丰富、生物多样性高等,这些特点为畜牧业提供了适宜的生态环境。草原植被覆盖能够减缓水土流失,保护土壤和水源的质量,减少环境污染和草原退化。草原地区的生物多样性也为畜牧业提供了一系列的服务功能,如天然的病虫害防治、土壤肥力的维持等。

(二)可持续畜牧业发展与草原生态系统的关系

可持续畜牧业发展与草原生态系统的健康息息相关,二者之间的关系互为因果。草原生态系统的健康和稳定为可持续畜牧业发展提供了保障。

可持续畜牧业管理措施,如合理的放牧管理、轮牧制度、控制放牧强度等,能够避免过度放牧对草原植被的破坏。科学合理的放牧方式,可以促进草原植被的生长和更新,维持植被的多样性和覆盖度,减少草原退化和土壤侵蚀的风险。

草原的水循环、养分循环和生物循环等生态过程为畜牧业提供了生产所需的水源、养分和生态服务。草原植被的生长和分解提供了丰富的饲草资源和有机肥料，为畜牧业提供了必要的营养物质。草原的生物多样性和生态功能也能够调节气候、抵御病虫害，促进畜禽的健康生长。

可持续畜牧业发展还能够提高草原生态系统的经济价值和社会效益。畜牧业是草原地区重要的经济产业，为当地农民和牧民提供就业机会和收入来源。通过推动可持续畜牧业发展，提高畜牧业的生产效益和产品质量，不仅可以改善畜牧民的生活水平，还能够增加当地经济的发展动力。可持续畜牧业的发展还能够促进草原地区的社会稳定和对生态保护的认知，形成社会共识，推动草原生态系统的保护和可持续利用。

二、乡村旅游发展

（一）草原景观对乡村旅游的吸引力

草原景观作为独特的自然风光之一，对游客具有强大的吸引力。草原广袤辽阔、绵延无垠的景观给人一种壮丽和宽广的视觉享受。草原上起伏的丘陵、碧绿的牧场、飘舞的彩旗、奔跑的牛羊，构成了一幅独特的自然画卷，给人们带来视觉上的享受和震撼。草原的美景吸引着大量的游客前来感受大自然的魅力和宁静的乡村生活。

草原景观还具有文化和历史的价值，展示了牧民的生活方式和传统文化。草原地区的牧民文化是乡村旅游的重要组成部分，游客可以深入了解牧民的生活习俗、传统工艺和民俗文化，感受到不同于城市的独特魅力。游客可以参与牧民的日常活动，如放牧、奶制品加工、草原音乐演奏等，亲身体验草原文化的魅力。

草原景观还具有健康和休闲的功能，吸引着追求自然环境和户外活动的游客。在草原上，游客可以进行徒步、骑马、野餐、露营等各种户外活动，享受大自然的清新空气和宁静环境。草原地区的气候和丰富的阳光资源也为游客提供了健康养生和度假休闲的好环境。

（二）草原生态系统对乡村旅游经济的带动作用

草原生态系统对乡村旅游经济起着重要的带动作用。草原地区的生态环境和生物多样性吸引了大量的游客，促进了乡村旅游业的发展。草原地区的旅游景点和景区以其独特的草原景观和自然风光吸引了游客的目光。游客的到来带动了乡村旅游相关产业的发展，包括酒店住宿、餐饮服务、交通运输、旅游娱乐等。乡村旅游业的兴起为当地经济注入了新的活力，并创造了新的发展机遇。

保护草原生态系统的完整性和健康状态是吸引游客的重要条件。游客希望能够在原生态的草原环境中体验和欣赏自然之美，享受纯净的空气和宁静的乡村生活。草原生态系统如果受到破坏或退化，将丧失吸引力和独特性，难以吸引游客前来旅游。在推动乡村旅游发展的过程中，应充分考虑草原生态系统的承载力和资源可持续利用的限制。合理规划和管理游览线路、控制游客数量、进行合理的旅游活动安排等，有助于减少对草原生态环境的冲击，保护其生态功能。

草原生态系统的保护和乡村旅游经济的发展应该紧密结合，通过科学规划和管理，平衡生态保护与旅游并发的关系。相关管理部门应加强对草原生态系统的保护和管理，建立健全法律法规体系，制定可持续发展的政策和措施；加强宣传和教育，提高游客的环境保护意识，引导游客文明旅游，遵守当地的游览规范和道德准则；促进乡村旅游与当地经济发展的结合，鼓励农民和牧民参与旅游业的经营和服务，增加其收入来源；培育和发展乡村旅游产业，提高当地居民的生活水平，推动乡村经济的多元化和可持续发展。

三、生态支持与乡村振兴

（一）草原生态系统对草原地区的生态支持意义

草原生态系统的保护和可持续利用可以为草原地区的发展创造机遇。草原地区的牲畜养殖、草业发展、旅游业等都依赖草原生态系统的支持。草原提供了丰富的饲草资源，为草原地区的畜牧业奠定了发展的基础。草原还提供了丰富的草原生态产品，如草原药材、野生动植物资源等，为当地居民提供了增加收入的机会。草原地区常常存在生态退化、水土流失等环境问题，限制了当地经济和社会的发展。保护和恢复草原生态系统，能够提高土地质量、保护水源、减少自然灾害等，为草原地区创造更好的生态环境，提升当地居民的生活质量。

（二）草原资源的合理开发与乡村振兴

草原资源的合理开发是乡村振兴战略的重要组成部分。草原资源作为乡村地区的重要自然资源，具有丰富的生态、农牧业和旅游等价值，对实现乡村振兴具有重要的支撑作用。草原资源提供了丰富的饲草，为畜牧业提供了优质的饲料和良好的放牧条件。合理利用草原资源，通过发展现代畜牧业、种植业和草业产业链，能够提高农牧民的生产效益和收入水平，推动乡村经济的发展。草原地区的独特草原地貌和生态环境为乡村旅游提供了丰富的资源。草原景观、牧民文化和草原生态系统的独特性吸引了大量游客前来体验自然之美和乡村生活。合理开发草原资源，建设旅游基础设施和开展旅游活动，可以为草原地区带来旅游收入和就业机会，推动乡村旅游业的繁荣发展。

发展草原生态旅游、农牧业观光、草原文化体验等项目，可以为农牧民提供多样化的经济活动和就业机会。农牧民可以充分利用草原资源和牧民文化，开展农牧业观光、牧民民宿、特色农产品加工等活动，增加收入来源，提高生活质量。

在草原资源的合理开发过程中，应充分考虑生态保护和可持续利用的原则。严格遵守相关法律法规，建立科学的规划和管理体系，加强对草原资源的监测和保护，防止过度开发和环境破坏。注重开发方式的科学性和可持续性，推动绿色发展理念的落地，倡导生态文明和环境友好的发展模式。相关管理部门在草原资源开发中起着重要的引导和推动作用，应完善草原资源合理开发的政策和措施，加大对乡村旅游业和农牧业的扶持力度，提供资金、技术培训和市场推广等方面的支持，激发农牧民的创业激情。

四、传统文化的传承与发展

（一）草原文化对地方社会的重要意义

草原地区的牧民文化、草原民歌、马术文化、传统手工艺等丰富多样的文化元素，不仅代表了当地人民的生活方式和价值观，还是该地区的重要特色和文化资产。草原地区的牧民文化和草原民族的传统生活方式与自然环境紧密相连，代表了他们对大自然的崇敬和依赖。草原文化中的牧歌、舞蹈、服饰、传统节日等元素，不仅是民族文化的重要表达形式，还是当地社会凝聚力的源泉。传承和发展草原文化，可以增强当地居民的文化认同感和归属感，促进社会的稳定与和谐发展。

草原具有重要的历史和文化价值。草原地区的传统手工艺、民间故事等文化元素承载着丰富的历史和文化信息，代表了当地的独特文化传统。这些传统文化不仅是当地的宝贵财富，还是全国乃至世界文化遗产的重要组成部分。保护和传承草原文化，可以弘扬传统文化精神，促进文化多样性和民族团结。

（二）草原生态系统对传统文化的保护与传承

草原生态系统提供了丰富的自然资源，是传统文化的材料基础，并对艺术创作提供了支持。草原地区的植物、动物、矿产等自然资源被广泛应用于传统手工艺品的制作。例如，草原草编、羊毛制品、革制品等都是草原文化中重要的艺术表现形式。保护草原生态系统，维持自然资源的丰富和可持续利用，有助于保护和传承传统手工艺和艺术技艺，使其得以延续和发展。草原地区的牧民凭借对草原生态系统的熟悉和理解，积累了丰富的传统生态知识和经验，形成了独特的生态智慧。这些传统知识、习俗与草原生态系统的健康和平衡相互依存，通过代代相传，维系着当地社区的生态文化传统。保护草原生态系统，不仅有助于传统生态知识的传承，也能够促进当地居民的文化自信和身份认同。

草原生态系统的保护和可持续利用有助于提供传统文化活动和体验的场

所。草原作为传统文化的重要背景和舞台，提供了丰富的自然景观和环境条件，为各种传统文化活动和体验创造了场所。例如，在草原上举办传统的牧民节日庆典、草原音乐演奏、马术表演等活动，能够让游客和当地居民亲身体验传统文化的魅力。保护草原生态系统，为传统文化的传承和创新提供了重要的舞台和环境条件。

五、草原生态系统服务功能的价值评估

（一）草原生态系统服务功能的概念与特点

草原生态系统服务功能包括一系列生态服务。生态服务是指自然生态系统向人类提供的直接或间接的利益，包括物质和非物质两方面。在草原生态系统中，这些生态服务主要包括水源涵养、土壤保持、气候调节、生物多样性维持等。草原地区的植被覆盖和土壤层对水文循环和水源涵养起着重要作用，能够保持水资源的稳定供应。草原植被和土壤层还能够减少水土流失，维持土壤的肥力和结构稳定性。草原地区的植被和土壤还能够吸收大气中的二氧化碳，缓解气候变化并调节气候。草原生态系统也是众多植物和动物物种的栖息地，对生物多样性的维持和保护具有重要意义。

草原生态系统服务功能是可持续发展的基础。草原地区的生态系统服务功能直接影响着人类社会的经济发展和社会福祉。例如，草原能提供丰富的饲草资源，支持畜牧业的发展，为农牧民提供经济收入。草原景观吸引了大量的游客，促进了乡村旅游业的繁荣发展。草原生态系统的健康与稳定性也对环境的可持续发展具有重要影响，保护草原生态系统对于维护当地社区的生态安全和可持续发展至关重要。

草原生态系统服务功能的价值体现在经济、社会和环境上。经济价值主要体现在草原提供的资源和服务所带来的直接经济收益上。例如，草原作为牲畜饲养的重要供给来源，支撑着畜牧业的发展，为当地农牧民创造就业机会并促进当地经济增长。草原提供了丰富的旅游资源和景观，吸引了游客前来观光和消费，为当地居民带来了收入和就业机会。

草原景观和自然风光不仅丰富了人们的生活体验，还促进了文化传承，

加强了当地社区的凝聚力。草原生态系统的保护和可持续利用有助于维护生态平衡，保护珍稀物种和生物多样性，维护当地社区的生态安全。

（二）草原生态系统服务功能的经济、社会和环境价值评估方法

草原生态系统服务功能的评估是衡量其对人类社会的经济、社会和环境价值的重要手段。评估草原生态系统服务功能的价值有助于认识其重要性，为决策者提供科学依据，并推动可持续的草原管理和保护。常用的评估方法如图 2-5 所示。

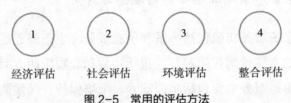

图 2-5　常用的评估方法

1.经济评估

货币化方法。将草原生态系统服务功能转化为经济价值，以货币单位进行衡量。通过市场价格、替代成本或修复成本等方法，估算草原提供的服务所产生的直接经济效益。如测算草原提供的饲草资源的市场价值、旅游收入的贡献等。

生态经济学方法。综合考虑草原生态系统服务功能的经济、生态和社会价值，采用生态经济学的原则和方法进行综合评估。这种方法注重对草原生态系统服务功能的综合价值评估，包括直接使用价值、间接使用价值、非使用价值等。

2.社会评估

调查问卷法。通过问卷调查、焦点小组讨论等方式，了解公众对草原生态系统服务功能的认知、需求和满意度，评估其对社会福利和生活质量的影响。如调查游客对草原旅游体验的满意度、当地居民对草原文化传承的重视程度等。

社会价值标定法。采用经济学的方法，通过调查和分析人们对草原生态系统服务功能的偏好和愿意为其付费的程度，评估其社会价值。如调查人们对草

原景观保护的支持程度，或是调查人们对草原生态旅游项目愿意支付的金额。

3. 环境评估

生态评估法。监测和评估草原生态系统的生物多样性、水质、土壤质量、气候调节等环境指标，以了解草原生态系统服务功能对环境质量的影响。例如，监测草原地区的植被变化、土壤侵蚀程度等，以评估草原的土壤保持和水源涵养功能。

生态系统评估法。建立草原生态系统模型，模拟和评估草原生态系统服务功能对环境的影响。这种方法基于生态学原理和生态过程的模拟，定量评估草原生态系统服务功能的生态效益，如土壤保持效益、水源涵养效益、碳储存效益等。

4. 整合评估

整合评估是指综合考虑经济、社会和环境方面的价值，采用多指标评估方法进行综合评估。将不同的评估结果进行加权综合，综合评估草原生态系统服务功能的综合价值。这种方法能够更全面地反映草原生态系统服务功能对人类社会的综合贡献。

无论采用哪种评估方法，都需要基于充分的数据收集和科学的分析。数据来源包括现场调查、实地监测、统计数据和文献研究等。评估的结果需要进行定量化和定性化的描述，以便于与其他决策指标进行比较和权衡。

草原生态系统服务功能的评估是一个复杂且多维度的任务，需要综合考虑经济、社会和环境的因素。评估的结果可以为决策者提供科学依据，推动可持续的草原管理和保护，实现经济发展与生态保护的双赢。

第三章　草原生态系统退化的成因分析

草原退化的原因是多方面的，但主要分为两个方面：一方面是自然因素，造成植物本身生命活动变化；另一方面是人为因素。植物本身生命活动所引起的植被演替需要时间较长，并且是在一定的土壤、气候、植被条件下进行的。人为因素如开垦、过度放牧、搂草、采挖草原植被等，往往能在短时间内造成草原生态严重退化。①

第一节　超载过牧和草原开垦

一、超载过牧的影响

过度放牧是指在草地上放养牲畜数量超过草地生态系统承载能力的一种现象。当草地上的牲畜数量超过草地生态系统的承载力时，草地生态系统会受到一定程度的破坏。超载过牧是一种人为干预的结果，它对草原生态系统造成了不可逆转的破坏。

（一）超载过牧现象的产生原因

1.人口压力与经济发展需求

随着人口的增长和经济的发展，对草原资源的需求越来越大。草地牧业是许多国家和地区的传统产业，为人们提供了食物、经济收入和生计保障。为了满足人们对肉类、奶类等动物产品的需求，牧民不断增加牲畜数量，导致草地上的牲畜超过了草地生态系统的承载能力。

2.草地管理不善

草地管理不善往往导致草地资源的过度开发和利用。在一些地区，草地的管理和保护措施并未跟上发展的步伐，导致草地的开发利用过于集中，超过了草地生态系统的承载能力。此外，草地管理部门和牧民之间的沟通不足也会导致草地资源的过度开发和利用。

---

① 辛晓平，徐丽君，聂莹莹.北方退化草原改良技术：汉蒙双语版[M].上海：上海科学技术出版社，2021：40.

3.气候变化

气候变化对草地生态系统具有重要影响。全球气候变暖导致一些地区降水量减少，干旱加剧，进而影响草地生产力和草地生态系统的稳定性。在这种情况下，草地生态系统的承载能力会降低，而牧民为了维持生计，可能会继续增加牲畜数量，导致草地上的牲畜超过了草地生态系统的承载能力。

4.生态补偿机制不完善

在一些地区，由于生态补偿机制不完善，牧民在草地资源的利用过程中缺乏足够的激励和约束。这会导致牧民过度依赖草地资源，进一步加大草地生态系统的压力。完善生态补偿机制，引导牧民合理利用草地资源，减小草地生态系统的压力，是遏制超载过牧现象的重要途径。

（二）超载过牧对草原生态系统的破坏

草地植被退化是超载过牧对草原生态系统的直接破坏。当草地上的牲畜数量超过草地生态系统的承载能力时，植被会受到严重的啃食和踩踏压力，这会导致草地植被结构发生变化。原本的优势植物逐渐被取代，生态环境恶化，使得草地生态系统的稳定性和可持续发展能力受到严重影响。

草地植被退化的进一步影响是土壤侵蚀加剧。植被破坏使得原本对土壤起到保护作用的植物减少，土壤容易受到风化、水蚀等自然因素的侵蚀。土壤侵蚀不仅导致地表土壤质量下降，土壤肥力降低，还会影响水土保持，导致地下水位降低和河流径流减少。这些负面影响进一步削弱了草地生态系统的稳定性和生产力。

随着草地植被退化和土壤侵蚀的加剧，草地生态系统的生物多样性也受到影响。在超载过牧的情况下，草地生态系统的生物种群结构受到破坏，一些优势植物被过度利用，其他植物生长受到抑制。生态环境恶化对草地生态系统中的其他生物种群产生负面影响，导致生物多样性降低。生物多样性的降低进一步削弱了草地生态系统的稳定性，并降低了抵御外来生物入侵的能力。

二、草原开垦的影响

（一）草原开垦的原因

草原开垦是将草原土地转变为农业、工业或城市建设等非草原用地的过程。草原开垦的原因主要源于农业发展需求、经济发展驱动、居民扩张需求等。

农业作为人类社会的基础产业，对耕地的需求一直存在。草原土地资源丰富，被视为潜在的耕地资源。为了满足粮食和经济作物的种植需求，农民需要开垦草原土地，扩大农业生产规模。

草原地区通常具有丰富的矿产资源、水资源等，开垦草原可以进行矿产开采、工业建设等活动，推动地方经济的发展。开发这些资源可以带来经济增长、增加就业机会和提升地方收入，从而加速草原开垦的进程。随着人口的增长和城市化进程，居民对居住和城市建设的需求不断增加，也是草原开垦的原因之一。为了满足城市扩张的需要，草原土地往往被用于建设住宅区、商业区等城市基础设施。这种城市化需求对草原资源的开发和利用产生了压力。

需要注意的是，草原开垦必须在合理的范围内进行，充分考虑草原生态系统的保护和可持续发展。草原生态系统的破坏和退化将对人类社会和生态环境造成严重影响。因此，在草原开垦过程中，需要进行科学评估和合理规划，确保生态环境的可持续性。只有在保护草原生态系统的基础上，才能实现经济发展与生态保护的良性循环。合理规划草原开垦活动的区域范围和强度，确保保留足够的草原面积和植被覆盖，以维持草原生态系统的健康状态。

（二）草原开垦对生态系统的影响

1. 植被破坏和退化

草原开垦会导致植被的破坏和退化。开垦过程中，原本覆盖在草原上的天然植被被破坏或清除，导致草原植被减少或丧失。植被是草原生态系统的基础，它能保持土壤的稳定性、水分的保持和调节，提供栖息地和食物供应，维持生态平衡。植被的破坏和退化会导致土壤侵蚀加剧、水资源的流失、植被类型和多样性的减少、草原生态系统的稳定性和功能受到破坏。

2. 土壤侵蚀和退化

在草原开垦过程中，草原土壤暴露在外的时间延长，受到风蚀和水蚀的影响加剧。土壤是草原生态系统的重要组成部分，它具有保持水分、养分和有机质的功能。然而，开垦会破坏土壤的结构和稳定性，使其易受侵蚀并退化。土壤侵蚀会导致水质污染、泥沙淤积、河道淤塞等问题，对水域生态系统和下游环境造成负面影响。

3. 生物多样性丧失

草原是全球生物多样性最丰富的生态系统之一，开垦会导致生物多样性的丧失。在草原生态系统中生活着许多特有的植物和动物物种，它们对草原生态系统的稳定性发挥着重要作用。在开垦过程中，原有的草原物种受到破坏和迁移的影响，生态位减少，导致物种数量和多样性下降。这不仅直接影响草原生物的生存和繁殖，还可能导致食物链和生态平衡的破坏。

4. 水资源紧缺和水环境恶化

草原是重要的水源涵养区，开垦会导致水资源紧缺和水环境恶化。草原植被具有保持水分的功能，能够减缓水的流失和促进水的渗透，维持地下水和河流的稳定供应。然而，草原开垦使植被减少，土壤暴露，水分蒸发增加，进而导致水资源的紧缺。开垦过程中的土壤侵蚀和农业活动中的化学物质排放会导致水质污染，破坏水生态系统的健康。

5. 气候变化影响

草原是碳循环和水循环的重要场所，开垦会对气候产生影响。草原植被通过光合作用吸收二氧化碳并释放氧气，对减缓气候变化具有重要作用。而开垦过程中的植被破坏和土壤碳排放会导致碳储量减少，加速气候变化的发生。此外，草原开垦还可能改变地表反射率和蒸发散发过程，影响该地区的气温和降水分布，对当地气候产生长期影响。

三、应对措施

（一）确定合理的草原承载量

草原承载量的确定需要综合考虑多个因素，包括草原植被状况、土壤质量、水资源供应等。

第一，科学调研和评估是确定合理草原承载量的基础。开展草原生态系统的科学调研和评估工作，可以获取准确的数据基础。调研和评估的内容包括草原植被的类型、分布和覆盖度，土壤质量与水资源状况等。科学调研和评估的结果为后续的承载量确定提供了科学依据。

第二，建立综合评价指标体系是确定合理草原承载量的重要手段。综合评价指标体系应综合考虑草原植被状况、土壤质量、水资源供应和管理措施等因素。综合评价指标体系的建立，可以对草原生态系统的状况进行全面评估，准确判断草原的可持续利用能力。

第三，制定管理标准和政策是确保合理草原承载量的关键。根据科学评估结果，制定合理的草原承载量管理标准和政策，明确草原能够承载的最大放牧动物数量。管理标准和政策应考虑草原生态系统的保护和可持续利用，合理限制放牧数量，防止超载过牧现象的发生。

第四，监测和调整是保障合理草原承载量实施的重要环节。建立草原承载量的监测体系，定期监测草原植被覆盖度、土壤侵蚀状况、放牧动物数量等指标，以实时掌握草原生态系统的状态。根据监测结果，及时调整和修正草原承载量管理措施，确保草原的可持续利用。

第五，科学规划和区划是落实合理草原承载量的具体措施。根据草原承载量确定合理的草原利用区划，划定不同区域的放牧动物数量限制。科学规划和区划可以合理配置草原资源，避免过度利用和破坏。草地规划和区划还可以结合草原的生态特征和功能，划分保护区、恢复区和可利用区等不同区域，有针对性地采取相应的管理措施。保护区主要保护原生态系统，限制人类活动；恢复区注重植被恢复和土壤改良，通过植被修复和水土保持等措施，逐步恢复草原生态系统的功能；可利用区则合理利用草原资源，进行合理的放牧和开发活动，同时加强管理和监控，确保资源的可持续利用。

为了确保合理草原承载量的实施，还需要加强科学研究和技术支持。开展相关科学研究，深入了解草原生态系统的特点、演替规律和响应机制，为草原承载量的确定和管理提供科学依据；推动技术创新，开发适应草原特点的草原保护和管理技术，提高草原生态系统的稳定性和恢复能力。

（二）优化草原管理与利用方式

优化草原的管理与利用方式是应对草原退化的重要措施，旨在保护草原生态系统的健康和可持续发展。具体做法如图 3-1 所示。

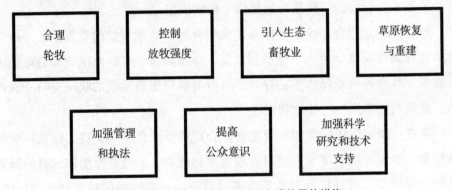

图 3-1　优化草原管理与利用方式的具体措施

1. 合理轮牧

合理安排放牧时间和区域轮换，可以使草原植被得到充分的休养生息，避免过度放牧对植被的压力。合理轮牧有助于提高植物的再生能力，促进草原的恢复和生长，同时还可以减少土壤侵蚀和水资源的损失。

2. 控制放牧强度

合理控制放牧动物的数量和放牧时间，可以避免超载过牧的现象发生。合理控制放牧强度可以保持草原植被的健康状态，避免植被的过度破坏和退化。这可以通过与畜牧业者合作，设定放牧指标和管理标准，以确保草原资源的合理利用。

3. 引入生态畜牧业

生态畜牧业注重生态环境的保护和可持续发展，采取科学的养殖管理和生态环境保护措施。例如，推广草原放牧与饲养相结合的方式，通过科学配饲和合理利用草原植被，减轻过度放牧对草原的损害。生态畜牧业的发展可以提高畜牧业的生态效益，减少对草原的压力。

4.草原恢复与重建

对于已经退化的草原，采取植被修复、水土保持工程、退耕还草等措施，可以促进植被的恢复和土壤的改善。通过草原恢复与重建，可以提高草原生态系统的稳定性和功能，减少退化现象的发生。

5.加强管理和执法

建立健全管理体系，加强对草原资源的监测、评估和监督，制定和执行相关管理政策和措施，对违法开垦和过度放牧行为进行打击和处罚。加强管理和执法，可以有效地监管草原的合理利用和保护，遏制非法开垦和超载过牧的行为，维护草原生态系统的完整性和稳定性。

6.提高公众意识

开展宣传教育活动，可以提高公众对草原保护的认识和重视，培养公众的环境意识和生态意识。公众可以通过自觉遵守相关法规，参与草原保护和可持续利用的行动，共同保护草原生态系统的健康发展。

7.加强科学研究和技术支持

开展相关科学研究，深入了解草原生态系统的特点和运行规律，探索适应草原特点的管理和利用方法。通过技术创新和推广，开发适应草原管理需求的新技术和新工具，提高草原管理的科学性和效率。

第二节　气候因素与鼠害影响

气候变化对草原生态系统和鼠害的发生具有重要影响。通过了解气候变化对草原的影响、鼠害对草原生态的影响以及气候与鼠害的相互关系，进而深刻理解气候因素和鼠害对草原生态系统的威胁，并提出相应的防治措施。

一、气候变化对草原的影响

气候变化是指气候平均状态随时间的变化，即气候平均状态和离差两者中的一个或两个一起出现了统计意义上的显著变化，离差值越大，表明气候变化的幅度越大，气候状态越不稳定。

（一）气候变化趋势

1.全球气温上升

全球气候变暖是气候变化的主要趋势之一。长期以来，人类活动引起的温室气体排放导致大气中温室气体浓度增加，进而导致地球表面的平均气温升高。气候变暖对草原地区的影响主要表现为温度升高、冻融过程的改变等。高温条件下，草原植物的生长和养分吸收能力受到影响，植物生态系统的稳定性和功能可能会受到破坏。

2.降水模式改变

气候变化也引发了降水模式的变化。一些地区出现降水量减少或降水不均的情况，而另一些地区则经历降水量增加或降水强度增大的情况。这种降水模式的改变对草原地区的植被生长和土壤水分循环产生重要影响。干旱和降水不足会导致植被凋萎和土壤干燥，从而加剧草原退化和土壤侵蚀的风险。

3.极端天气事件增多

气候变化还导致了极端天气事件的增多和强度的增强。例如，干旱、洪水、暴风雪等极端天气事件的频率和强度会增加。这些极端天气事件给草原生态系统带来了巨大的挑战，不仅对草原植物和动物造成直接的损害，还对草原生态系统的稳定性和功能产生深远影响。

（二）气候变化对草原生态系统的影响

1.气候变化对草原系统生产力的影响

草原生态系统的生产力是指单位面积上草地植物生物量的生产能力。温度的升高和降水模式的改变可能改变植物的生长季节和生长速率。在温暖的气候条件下，草原植物的生长季节可能会延长，而降水不足可能导致植物生长受限。这些变化会直接影响草原生态系统的生产力。气候变化可能导致草原植物物种组成和竞争格局的改变。某些物种对温暖和干旱条件更为适应，在气候变化的影响下相对优势增加，而其他物种受到竞争的压力会减少生长。这会引起草原植物群落结构的变化，从而影响草原生态系统的生产力。

气候变化还会对草原土壤中的养分循环和供应产生影响，进而影响植物的生长和草原生态系统的生产力。在温暖和干旱的条件下，土壤中的养分循环速度会加快，导致养分的损失和排除，限制草原植物的生长和生产能力。

2. 气候变化对草原生态系统碳库的影响

草原生态系统在全球碳循环中起着重要的作用。草原植物通过光合作用吸收二氧化碳并固定碳元素，将其储存在地上和地下的植物组织中，形成碳库。气候变暖会促进草原植物的生长，增加植物对二氧化碳的吸收能力。这会导致草原生态系统的碳库储存量增加，即吸收和储存更多的碳元素。然而，这也可能提升草原植物的生物降解速率，从而加快碳的释放过程。

草原土壤中的有机碳储量很大，是全球碳储量的重要组成部分。气候变化可能改变土壤碳的稳定性和循环过程，进而影响草原土壤碳库的储存量。

气候变暖和降水变化会导致土壤湿度和温度的变化，进而影响土壤碳的分解和储存。温暖和干燥的条件会加速土壤有机质的分解，导致土壤碳的释放增加。降水不足会导致土壤湿度降低，影响微生物活动和有机物质降解的速度，进而影响土壤碳的循环和储存。

气候变化还会影响草原生态系统中的火灾频率和强度。火灾是草原植被的自然现象，也是土壤碳释放的重要途径。气候变化会导致干旱和高温的增加，增加火灾发生的风险。火灾烧毁植物和有机物质，释放大量的碳元素到大气中，进一步影响草原土壤碳库的稳定性。

二、鼠害对草原生态的影响

鼠害是指一类啮齿动物，如鼠类、兔类等，在草原地区大量繁殖和扩散，对草原生态系统造成危害的现象。

（一）鼠害现象及其危害

鼠类以草原植被为主要食物来源，尤其偏好嫩叶、嫩茎和嫩芽。它们会啃食草原植被的根、茎、叶片，导致植物的严重破坏和死亡。草原植被的破坏会导致植被覆盖度下降、植物种类减少，进而影响草原的生态系统结构和功能。草原植被是维持草原生态系统平衡的基础，鼠害对其破坏会引起整个生态系统的连锁反应。

鼠害对草原土壤的侵蚀和破坏也是重要的危害之一。大量的鼠类活动导致草地植被被破坏后，土壤暴露在外，容易受到风蚀和水蚀的影响。鼠害加速了草原土壤的侵蚀过程，导致土壤质量下降、水分和养分的流失，进而加剧了草原退化和沙漠化的程度。土壤是草原生态系统中重要的资源和基础，鼠害对土壤的侵蚀和破坏会进一步削弱草原的生态功能。

鼠类挖掘水源、堵塞水渠等行为导致水资源的浪费和损失。草原地区的水资源本来就相对有限，鼠害进一步加剧了水资源的稀缺程度。水是维持草原植物和动物生存的关键因素，鼠害对水资源的危害不仅影响了草原植被和动物的生存，还影响了草原生态系统的水循环和水源涵养能力。鼠类破坏水源和水渠，不仅使水流失失控，还可能导致洪涝灾害的发生，对草原地区的生态环境和人民的生活造成严重影响。

鼠害还会对草原生态系统的动物群落产生负面影响。大量的鼠类繁殖和扩散可能导致食物链和生态链的紊乱。鼠类作为食草动物和杂食动物，它们的大量存在会抢夺其他动物的食物资源，导致其他动物的食物供应不足，甚至无法维持其生存和繁殖。这会对草原地区的生物多样性造成负面影响，降低物种的丰富性，破坏生态系统的平衡。

鼠害最终会对草原地区的经济造成严重损失。鼠类对农作物和牧草的啃食，导致农牧业产量减少，给农民和畜牧户的收入带来影响。此外，鼠类还会破坏农田灌溉设施、堤坝和防护设施，增加农业生产成本和修复费用。这对草原地区的农牧业经济造成严重的负面影响，给当地农民和畜牧户的生计带来困难。

（二）鼠害防治措施

鼠害防治是保护草原生态系统的重要措施，可通过一系列的方法来控制鼠类的数量和活动，减少其对草原生态的破坏。具体方法如图3-2所示。

生物防治　　化学防治　　农田管理　　预警与监测　　教育与宣传

图3-2 鼠害防治措施

1.生物防治

这是一种利用天敌和捕食性动物来控制鼠类种群的方法。引入天敌和捕食性动物，如猫科动物、鹰、猛禽等，可以有效地控制鼠类的数量。这些天敌和捕食性动物以鼠类为食，能够减缓鼠类种群的增长，并保持天敌与鼠类之间的相对平衡。生物防治可以在不使用化学农药的情况下控制鼠害，并避免对非目标生物和环境造成负面影响。

2.化学防治

这是使用农药和毒饵来灭鼠的方法。化学防治可以在短期内迅速控制鼠类的数量，但需要谨慎使用，避免对非目标生物和环境造成不必要的损害。在进行化学防治时，应选择安全、有效的农药，并按照正确的使用方法和剂量进行施药。此外，应遵循环境保护和安全操作的原则，避免农药的滥用和污染。

3.农田管理

合理的农田管理措施，可以减少鼠类的栖息地和食物来源。例如，及时清除废弃物和残留物，避免堆积过多的草料和垃圾，减少鼠类的藏身之地。此外，采取合理的灌溉和排水措施，保持农田的适当水分，减少鼠类的滋生和繁殖。农田管理措施还包括合理的农作物轮作和间作，以减少鼠类对单一作物的偏好和食物来源。

4.预警与监测

这是及时发现鼠害情况并采取相应防治措施的重要手段。建立鼠害的预警系统，通过监测鼠类种群的数量和分布情况，可以提前预警鼠害的发生和扩散，从而采取及时的防治措施。监测鼠类的方法包括使用捕捉器具、观察鼠类粪便和足迹，以及采集和分析鼠类样本。建立有效的监测体系，可以实时了解鼠害的状况，及早采取相应的防治措施，以避免鼠害对草原生态系统的进一步破坏。

5. 教育与宣传

通过教育和宣传活动，可以向农民、畜牧户和当地居民普及鼠害的知识和防治技术，提高他们的鼠害防治意识和能力。宣传活动包括举办培训课程、召开示范和宣传会议、发放宣传资料和宣传品等。相关管理部门应加强对鼠害防治工作的指导和支持，提供技术咨询和资金支持，激励农民和畜牧户积极参与鼠害防治工作。

加强鼠害监测与预警、采取综合的防治措施、合理管理农田、加强教育与宣传等手段，可以有效地控制鼠类的数量和活动，减轻其对草原生态系统的破坏。在鼠害防治工作中，相关管理部门、农民、畜牧户和科研机构等各方应共同合作，加强信息交流和合作，共同推动鼠害防治工作的开展。随着气候变化的加剧，可能会出现更频繁和严重的鼠害，因此，各方需要加强应对气候变化的适应能力，提前做好防治准备。

三、气候与鼠害的相互关系

气候变化对鼠害的影响是复杂而多样的。随着全球气候的变暖和气候模式的改变，鼠类种群的数量、分布范围、繁殖能力和行为模式等方面都可能发生变化，从而对草原生态系统产生重要影响。

气温的升高和降水模式的改变会影响草原植被的生长和分布，从而改变鼠类的食物资源和栖息地。一些研究表明，气候变化可能导致草原植被的凋落期提前、植被物种组成的改变，进而影响鼠类的食物供应和生存条件。

气候因素对鼠类的繁殖过程和繁殖成功率具有重要影响。例如，气温升高可能导致鼠类的繁殖季节提前，使其有更多的繁殖机会。气候变化也可能改变鼠类的性比例和繁殖行为，从而对种群的数量和结构产生影响。

气候变化还可能影响鼠类的迁移和扩散。气候变暖可能导致温度适宜区域的扩大，使得鼠类能够在原本不适宜的地区生存和繁殖。这可能导致鼠类种群的扩张和迁移，进一步增大其对草原生态系统的影响。

气候变化还可能通过影响鼠类与其天敌的关系而间接影响草原生态系

统。气候变化可能导致鼠类天敌的数量、分布范围和活动模式发生变化。例如，温暖的冬季可能减少捕食性鸟类的数量，从而减少对鼠类的控制作用。这可能进一步加快鼠类种群的增长，对草原生态系统造成更大的压力。

第三节　随意开辟小路、采挖药材和樵采

草原生态系统的破坏不仅受到超载过牧、草原开垦和气候因素等的影响，还受到随意开辟小路、采挖药材和樵采等人为活动的影响。这些活动常常导致草原生态系统的破坏和退化，给草原环境带来严重的威胁。

一、随意开辟小路对草原生态的影响

（一）随意开辟小路的原因及现象

随意开辟小路是指在草原地区，人们为了方便出行、牲畜放牧、采集草原资源或进行旅游观光等，随意在草原上开辟出大量零散的道路。

农牧民需要方便快捷地进出草原进行农牧生产活动，而开辟小路可以为他们提供便利的交通条件。牧民需要将牲畜引导到草原上进行放牧，而开辟小路可以为牲畜提供通道，方便其进出草原。

采集草原资源也是开辟小路的原因之一。草原地区的一些特色植物、草药等具有一定的经济价值，因此人们会开辟小路以便采集这些资源。

随着旅游业的发展，越来越多的人涌向草原地区进行旅游观光，也促使了小路的开辟。人们需要便捷的交通工具和通道，以便在草原上进行观光活动。

小路的开辟表现为大量零散的道路网，覆盖范围广、数量众多，给草原植被造成了线性破碎。这些小路常常穿越草原，交错纵横，严重破坏了草原的自然风貌和完整性。随意开辟小路往往缺乏科学规划和管理，忽视了对草原生态系统的影响评估，导致了小路开辟的盲目性和不可控性。这进一步加剧了对草原生态环境的破坏，对草原生态系统的稳定性和完整性带来了威胁。

（二）随意开辟小路对草原生态系统的破坏

小路的随意开辟导致了草原植被的破碎和破坏。草原植被是草原生态系统的重要组成部分，它在维持生态平衡、保持土壤稳定性、防止水土流失等方面发挥着重要作用。然而，随意开辟的小路破坏了植被的连续性，打断了植被的分布格局，导致植被破碎化和退化。这使得草原植被的恢复和生长受到了严重的限制，进一步加剧了草原退化的程度。

小路的随意开辟加剧了土壤侵蚀和水土流失的问题。草原植被在保持土壤的稳定性和抵御水蚀方面起着重要作用。然而，随意开辟的小路破坏了植被的连续性和完整性，使得草原土壤暴露在风蚀和水蚀的环境下。特别是在草原地区普遍存在的干旱和半干旱气候条件下，小路成了水流的导向通道，加快了水土流失的速度，使草原土壤贫瘠化，土壤肥力下降，对草原生态系统的稳定性造成了严重威胁。

小路的随意开辟也对草原野生动物的栖息地产生了负面影响。草原是许多野生动物的栖息地和迁徙通道。然而，随意开辟的小路打断了野生动物的迁徙路线和栖息地，破坏了它们的生境，使得野生动物难以寻找足够的食物和水源，增加了它们的生存压力。此外，小路还会带来人类活动和人为干扰，如垃圾、噪声和光污染等，进一步扰乱了野生动物的生态平衡。

二、药材采挖对草原生态的影响

（一）药材采挖的现状

药材采挖普遍存在着过度采挖的现象。由于药材的市场需求较大，一些采挖者为了获得更多的经济利益，对草原中的药材资源进行过度采挖，超出了草原生态系统的可承受能力。过度采挖不仅导致药材种群的减少和濒危，还可能引发生态系统的不平衡，影响其他生物种群的生存和繁衍。

药材采挖中也存在采挖方式不规范的问题。一些采挖者缺乏科学的采挖知识和技术，使用破坏性的采挖方式，如根部挖掘、破坏周围植物等，造成了不可逆转的生态破坏。不规范的采挖方式不仅损害了草原植物的再生能力，还破坏了植被的连续性和完整性，加剧了草原生态系统的退化。在一些地区，对药材采挖缺乏科学的管理和监测，监管力度不足，导致采挖行为无法得到有效的控制。缺乏监管和保护措施使得草原药材采挖难以实现可持续利用，加剧了对草原生态系统的破坏。

（二）药材采挖对草原生态系统的破坏

药材采挖对草原生态系统产生了广泛而深远的影响。

首先，药材采挖过度导致了草原植物资源的减少和物种退化。草原植物是草原生态系统的重要组成部分，它们维持着生态平衡和生态功能的稳定。然而，过度采挖使得草原中的药用植物种群减少，有些甚至面临灭绝的风险。这导致了物种的丧失和生态系统的物种退化，破坏了草原生态系统的完整性和稳定性。

其次，药材采挖对草原生态系统的生境造成了破坏和生态系统的失衡。草原植物在形成复杂的生态关系、维持生态平衡和生境完整性方面起着关键作用。然而，药材采挖破坏了草原植物的栖息地和生长环境，打破了植物群落的连续性和完整性。这导致了生境的破碎化和生态系统的失衡，影响了其他生物种群的生存和繁衍。失去了适宜的生境，许多植物和动物无法满足其生存需求，进而对整个生态系统产生了负面影响。

再次，药材采挖加剧了草原土壤侵蚀和水土流失的问题。草原植物对于保持土壤的稳定性和抵御水蚀具有重要作用。然而，药材采挖破坏了草原植被的连续性和完整性，使得土壤暴露在风蚀和水蚀的环境下。这导致土壤质量下降、水土流失加剧，进一步影响了草原生态系统的稳定性和可持续发展。

最后，药材采挖还导致了生物多样性的丧失。草原是众多珍稀濒危物种的栖息地，药材采挖的过度和不规范破坏了这些物种的栖息地和生境。这将导致生物多样性的丧失，破坏草原生态系统的生态完整性和生态功能。

三、樵采对草原生态的影响

(一)樵采现象的产生原因

能源需求是引发樵采的主要原因之一。在一些草原地区,由于缺乏其他可替代的能源来源,人们依赖木材燃料作为日常生活的能源供应。在这种能源需求驱使下,樵采活动频繁开展,导致了对草原植被的过度采伐。

由于木材在建筑、制造和家具等行业中具有重要的经济价值,草原地区的木材资源成为商业开发的对象之一。在经济利益的驱动下,樵采活动存在过度采伐和非法砍伐的现象,给草原生态系统造成了严重的破坏。

农牧需求也是樵采现象的重要因素。农牧民依赖木材作为建筑材料、牲畜圈舍的材料以及取暖和烹饪的燃料。他们通过樵采来满足自身的生存需求,但在人口增长和资源需求增加的情况下,樵采活动加剧了对草原植被的压力。另外,在一些地区,樵采活动缺乏科学合理的管理和监管,导致樵采活动无序开展,给草原生态系统造成了严重的破坏。

(二)樵采对草原生态系统的破坏

樵采对草原生态系统造成了严重的破坏,影响了植被的恢复和生态平衡的维持。樵采者通常会选择生长较为茂密、高大的树木进行砍伐,这导致了植被的减少和破坏。大规模的木材砍伐破坏了草原地区的植被覆盖,使得植物物种的多样性降低,破坏了植物栖息地和生态平衡。

樵采活动加速了土壤侵蚀和水土流失的过程。树木的砍伐导致了土壤的裸露,使得土壤暴露在风蚀和水蚀的环境下。大量的木材和燃料的采集导致了草原土壤的疏松和破碎,加快了土壤的侵蚀和流失速度。这对土壤质量的提高、水资源的保护以及植被恢复产生了负面影响。草原地区是众多动植物的栖息地,但樵采活动破坏了植被和树木,使得许多动物失去了栖息和繁衍的地方。樵采导致的生境丧失和植被破坏对草原地区的生物多样性造成了威胁,降低了生态系统的稳定性和抵抗外部干扰的能力。

樵采活动还对气候变化产生了影响。树木在吸收二氧化碳和释放氧气方面起着重要作用，但樵采活动导致的大规模砍伐削弱了草原地区的碳吸收能力，加剧了碳排放和气候变化的问题。

第四节　草原生产经营投入少

一、草原地区农牧民生产经营投入水平较低

草原地区农牧民生产投入的现状表现为普遍较低的水平，主要原因在于农牧民对草原生态保护、畜牧业基础设施建设以及科技创新的投入不足。这一现状不但导致草原生态环境逐渐恶化，而且对草原畜牧业的可持续发展造成了严重影响。

首先，草原生态保护的投入不足是牧民生产投入现状的一个重要方面。由于传统的生产方式和观念，一些农牧民认为草原是天然的养殖场地，不需要进行额外的生态保护投入。部分农牧民缺乏对草原生态环境保护的科学知识，不了解施肥、补播等措施对草原生态的重要性。因此，草原生态保护投入普遍不足，导致草原生态环境逐渐恶化。

其次，草原畜牧业基础设施建设的投入不足也是农牧民生产投入现状的一个突出问题。草原地区的基础设施相对落后，如饲料储存设施、饮水设施等，这些都是畜牧业发展的重要支撑。然而，由于草原地区牧民的经济水平相对较低，很难承担起基础设施建设的成本，从而导致畜牧业发展受到限制。

最后，草原畜牧业科技创新的投入不足是影响农牧民生产投入现状的一个关键因素。科技创新是提高草原畜牧业生产力和竞争力的重要途径。然而，目前草原地区农牧民对科技创新投入的重视程度不够，一些农牧民仍沿袭传统的生产方式，缺乏对新技术、新方法的尝试和应用。这种状况不但制约了草原畜牧业的科技进步，而且影响了草原畜牧业的可持续发展。

二、投入不足对草原生态的影响

（一）草原生产经营投入与草原生态系统的关系

草原生产经营投入在很大程度上决定了草原生态系统的状况。适当的投入有助于维护和改善草原生态环境，提高草原生产力和生态稳定性。然而，投入不足会导致草原生态系统退化，进而影响草原畜牧业的可持续发展。

当农牧民对草原生态保护、基础设施建设和科技创新进行适度投入时，这些措施可以提高草原土壤肥力，提高草地的生产力，从而维持草原生态系统的稳定性。例如，施肥、补播等措施有助于提高草原土壤肥力，促进植被生长，提高草地的生产力。基础设施建设如饲料储存设施、饮水设施等也有助于草原生态环境的保护和改善。科技创新在提高草原畜牧业生产力和竞争力方面具有重要作用，可以推动草原畜牧业的可持续发展。

适度的生产投入还可以维护和提高草原生物多样性。草原生物多样性是生态系统稳定性的重要保障，通过加强对植被和野生动物的保护，可以促进草原生态系统的良性循环。保护和恢复生物多样性对于草原生态系统的长期稳定至关重要，因为生物多样性可以提高生态系统的抵御干扰和适应环境变化的能力。

（二）投入不足对草原生态系统的影响

当草原生产经营投入不足时，草原生态系统的各项功能将受到严重影响，从而导致草原生态退化加剧。

首先，投入不足会导致草原生态保护措施得不到落实。草原生态保护需要充足的投入，以确保草地得到适当的管理和恢复。然而，投入不足使得农牧民无法采取有效的草地管理措施，如施肥、补播等。这将导致草地生产力下降，草地退化加剧，从而使草原生态系统逐渐失衡。由于草原生态保护投入不足，草原地区的生物多样性得不到有效保护，使得草原生态系统的稳定性受到严重威胁。

其次，投入不足影响草原畜牧业基础设施建设。基础设施建设是草原畜牧业发展的重要支撑，如饲料储存设施、饮水设施、围栏建设等。然而，由于投入不足，这些基础设施得不到及时的建设和维护，导致草原畜牧业发展受到制约。缺乏基础设施的支持，牧民将不得不增加对草原资源的依赖，从而导致草原资源的过度利用和生态环境的恶化。

再次，科技创新在提高草原畜牧业生产力和竞争力方面具有重要作用。然而，由于投入不足，草原地区的科技创新受到限制，很难实现可持续发展。缺乏科技创新，草原畜牧业将难以应对生产中的各种问题，如疫病防控、饲料短缺等，从而使草原生态系统承受更大的压力。

最后，投入不足会加剧草原地区的社会经济问题，草原生态系统退化会导致草原畜牧业的产量和产值下降，进而影响牧民的收入水平。由于草原地区经济发展受限，投入不足使得公共服务、教育、医疗等社会事业得不到充分发展，这将会导致牧民过度依赖草原资源，从而加速草原生态系统的退化。

三、改进措施

（一）提高牧民生产投入意识

牧民是草原生产经营的主体，他们的生产投入意识对草原生态系统的保护和恢复具有关键作用。为了提高牧民的生产投入意识，具体做法如下。

1.加强宣传教育

通过各种途径，如政策宣传、培训班、媒体等，加大对牧民的宣传教育力度，让他们充分认识到草原生态系统的重要性以及生产投入的必要性。通过宣传，牧民能够了解到草原生态保护与他们的切身利益密切相关，从而提高生产投入意识。

2.建立激励机制

相关管理部门可以设立激励机制，对生产投入较高、草原生态保护成效显著的牧民给予奖励。这样可以刺激牧民主动提高生产投入，保护草原生态环境。

3.促进牧民参与

鼓励牧民参与草原生态保护工作，使他们在实际操作中感受到草原生态保护的重要性。通过参与，牧民可以更加深刻地认识到生产投入的重要性，从而提高生产投入意识。

（二）完善草原生产经营政策支持体系

完善草原生产经营政策支持体系对于解决草原生产经营投入不足问题至关重要。相关管理部门应该从多方面着手，为草原生产经营投入提供有力支持。

例如，设置专项资金，用于草原生态恢复、基础设施建设和科技创新等方面。加大财政投入将有利于解决草原生产经营投入不足的问题，从而促进草原生态环境的改善和草原畜牧业的可持续发展；进一步优化草原生产经营政策环境，为草原畜牧业的可持续发展创造有利条件，如减免相关税收、提供优惠贷款、资助草原生态保护和畜牧业发展项目等。此外，还可以通过实施草原生态补偿机制，让牧民从草原生态保护中获得经济收益，从而激发他们投入草原生产经营的积极性。

加强草原地区的基础设施建设，改善草原畜牧业的生产条件。如加强草原水利设施建设，提高草原地区的水资源利用效率；改善草原交通运输设施，降低草原畜牧产品运输成本；发展草原信息通信技术，提高草原地区的信息化水平。完善基础设施建设将有助于提高草原地区的生产效率，从而增加草原生产经营收入。

加大创新力度和创新能力培养，以推动草原畜牧业的技术进步。如设立专项科研资金，支持草原畜牧业科技研究和技术开发；鼓励高校和科研机构开展与草原畜牧业相关的科研合作，促进科研成果的转化；提供技术培训和咨询服务，帮助牧民掌握先进的草原生产经营技术。科技创新是提高草原生产经营效率的关键，通过加大科技支持，可以推动草原畜牧业的可持续发展，从而解决草原生产经营投入不足的问题。

加强草原地区的人才培养和引进工作，提高草原畜牧业的人力资本水平。如支持草原地区的教育发展，提高草原畜牧业相关专业的培训质量；对具有草原畜牧业专业知识和技能的人才，给予优惠政策支持，鼓励他们在草原地区发展；通过举办各类培训班、研讨会等方式，提高草原地区牧民的素质和技能。人力资本水平的提升将有助于提高草原生产经营效率，从而解决草原生产经营投入不足的问题。

（三）推广适宜草原生态的生产技术

推广适宜草原生态的生产技术对于解决草原生产经营投入不足问题具有重要意义。应用先进的草原生产技术，可以提高草原生产经营的效率，改善草原生态环境，为草原畜牧业的可持续发展提供有力支持。

1. 推广草地改良技术

草地改良技术可以提高草地的生产力和草地生态系统的稳定性。合理施肥、播种优良牧草品种、引入多样化的牧草植物等方法，可以改善草地的营养状况，提高草地的产草量和草地植被的生态功能。此外，草地改良技术还可以改善草地土壤结构，提高土壤保水保肥能力，从而减轻草原生态系统的压力。

2. 推广草原生态畜牧业技术

草原生态畜牧业技术强调在保护草原生态环境的前提下，合理利用草原资源，提高畜牧业的经济效益。这包括实施定额放牧、轮牧制度，以减轻草地的过度放牧压力；推广草地综合利用技术，如草地与农田间作、草地与林地间作等，以提高草地的生产力和生态功能；发展草原畜牧业产业链，通过提高畜产品加工水平，提升草原畜牧业的附加值。

3. 推广草原生态恢复技术

草原生态恢复技术旨在通过人工干预，恢复草原生态系统的功能和结构，实现草原生态系统的自我修复。这包括采取植被恢复、水土保持、退化草地治理等措施，以提高草原生态系统的稳定性和恢复力。草原生态恢复技术可以有效减缓草原生态系统退化的速度，为草原畜牧业的可持续发展创造有利条件。

4. 推广草原生产经营管理技术

草原生产经营管理技术包括草地资源调查、草地监测评估、草地生产经营规划等，以科学合理地利用和管理草原资源。草地资源调查可以全面了解草原地区的草地资源分布、类型、质量等情况，为制定合理的草地利用规划和管理策略提供依据。草地监测评估可以帮助及时发现草原生态问题，为草地生态保护和恢复提供科学依据。草地生产经营规划则可以指导牧民合理利用草地资源，保障草原生态系统的可持续发展。

在推广适宜草原生态的生产技术时，应充分考虑草原地区的地理位置、气候、生态等特点，确保技术的适用性和有效性。这需要加强草原生产技术的研究和开发工作，不断创新草原生产经营技术体系。相关管理部门应加大对草原生产技术研究的资金支持，鼓励科研院所、高校等单位开展相关研究，加强草原生产技术的推广和培训工作，提高牧民的技术应用能力。

第四章　草原生态系统退化的判定依据

第一节　草原退化

草原退化是指草原生态系统在自然和人为因素的共同作用下，生产力和生态功能逐渐降低的过程。草原退化具有多种类型和特征，主要包括草原植被退化、土壤肥力退化和水文退化。

一、退化类型与特征

草原退化的种类如图 4-1 所示。

图 4-1　草原退化的种类

（一）草原植被退化

草原植被退化是草原退化过程中最直观、最关键的表现。植被退化主要体现在植被覆盖度降低、植物群落结构简化、优势种减少以及物种多样性下降等方面。

草原退化导致植被覆盖度降低，裸露地面面积增加。这将导致土壤侵蚀加剧，水土流失严重，进一步加快草原退化的进程。随着草原植被退化，原有的复杂植物群落结构变得简单。多年生植物和优势植物减少，而耐旱性较强的植物增加，使草原生态系统的稳定性和抗逆性降低。

在草原退化过程中，原生态系统中的优势种数量减少，生物多样性降低。优势种的减少会影响草原生态系统的功能，如碳固定、养分循环等，进而影响草原生态系统的整体稳定性。草原植被退化通常伴随着物种多样性的减少。物种多样性减少可能导致生态系统的功能丧失和稳定性降低，使草原生态系统更容易受到干旱、病虫害等自然灾害的影响。

草原植被退化的原因多种多样，主要包括气候变化、过度放牧、农业开发等人为因素。气候变化可能导致降水量减少、气温升高等现象发生，使得草原生态系统的水分供应减少，不利于植被生长。过度放牧会破坏草原植被和土壤结构，导致草地退化。在农业开发过程中，大量草原被改为耕地，使得原有的草原植被遭到破坏，最终导致生态系统失衡。

（二）土壤肥力退化

土壤肥力退化主要表现为土壤有机质减少、养分流失、土壤结构破坏以及盐碱化等。

土壤有机质减少意味着土壤中微生物活性降低，土壤生态环境恶化。随着有机质的减少，土壤中的养分也会流失，进一步降低土壤肥力。土壤结构破坏也会导致土壤中水分减少和空气的调节能力下降，影响植物生长。当土壤肥力降低到一定程度时，草原植被可能出现退化现象，如植被覆盖度降低、植物群落结构简化等。

盐碱化是土壤肥力退化的另一个重要表现。盐碱化会影响土壤的物理、化学和生物特性，使土壤变得不适宜植物生长。盐碱化严重的草原区域，植被覆盖度降低，物种多样性减少，土壤侵蚀加剧，进一步加剧草原退化。

草原土壤肥力退化的原因复杂，包括自然因素和人为因素。自然因素主要包括气候变化、地质作用等；人为因素主要包括过度放牧、农业开发、水土保持措施不当等。过度放牧会导致草地表层土壤破坏，加剧水土流失；在农业开发过程中，大量草原被改为耕地，使得原有的草原土壤遭受破坏；水土保持措施不当会导致土壤流失加剧，进而影响草原土壤的肥力。

（三）水文退化

水文退化是草原退化过程中的另一个关键问题，它与草原植被退化和土壤肥力退化密切相关。水文退化主要表现在地表水文过程和地下水文过程的变化，如水源减少、径流减小、地下水位降低等。

草原水文退化会导致草原生态系统水分供应不足，对植被生长产生不利影响。随着水源的减少，草原植被生长受到限制，进一步加剧草原植被退化现象。水文退化与草原土壤肥力退化相互影响。水文条件恶化导致土壤水分减少，土壤结构和肥力也随之受到影响。

草原水文退化的原因包括自然因素和人为因素。自然因素主要包括气候变化、地形地貌等。气候变化可能导致降水量减少、蒸发量增加，从而影响草原水分供应。地形地貌对水文过程也具有一定影响，如地势高低、坡度大小等。人为因素主要包括过度放牧、农业开发和水资源开发等。过度放牧可能导致草地表层土壤破坏，影响水分入渗；在农业开发过程中，大量草原被改为耕地，使得原有的草原水文条件发生变化；水资源开发过度可能导致地下水位降低，对草原生态系统产生不利影响。

二、退化程度的评价

草原是世界上重要的生态系统之一，不仅是重要的生态屏障，还是重要的生态资源。然而，由于自然因素和人类活动的影响，草原生态系统的物质循环和能量流动发生了变化，导致草原退化。为了评价草原退化程度，需要进行多方面的指标评价，包括植被覆盖度评价、土壤侵蚀程度评价和水文条件评价等，如图 4-2 所示。

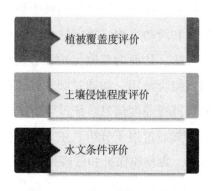

图 4-2　退化程度的评价指标

（一）植被覆盖度评价

草原植被是维持草原生态系统稳定的关键因素之一。草原退化会导致植被覆盖度下降，导致草原土地的利用效益下降和荒漠化加剧。因此，植被覆盖度评价是草原退化评价的重要指标之一。植被覆盖度评价的方法包括定量调查法、遥感技术、计算机模型法和数学统计法等。

遥感技术是评价草原植被覆盖度的一种重要技术手段。遥感技术指通过卫星和航空平台获取草原的遥感图像，根据图像的数字化处理得到不同时间点的植被覆盖度信息。遥感技术具有快速、高效、全面的优点，是评价草原植被覆盖度的有效方法之一。基于遥感技术的植被覆盖度评价方法可以分为单时相遥感和多时相遥感。

单时相遥感指利用遥感技术获取的单一时间点的遥感图像进行植被覆盖度评价。该方法主要基于植被指数的原理，如归一化植被指数、植被指数和简单比率植被指数等。对这些指标进行数学计算即可得到草原植被覆盖度信息。但是，单时相遥感方法只能提供单一时期的植被覆盖度信息，难以反映植被覆盖度的长期变化趋势。

多时相遥感指利用遥感技术获取的不同时间点的遥感图像进行植被覆盖度评价。多时相遥感方法能够提供更加准确的植被覆盖度信息，反映草原植被覆盖度的长期变化趋势。基于多时相遥感的植被覆盖度评价方法包括时间序列方法、指标组合方法和统计学方法等。

时间序列方法指利用多期遥感图像进行植被指数的时间序列分析，包括线性趋势分析、回归分析和滑动平均法等。这些方法能够分析植被覆盖度的变化趋势和周期性变化规律，从而为草原保护和管理提供决策依据。指标组合方法指将不同植被指数组合使用，如通过归一化植被指数、植被指数等指标组合，得到更准确的植被覆盖度信息。统计学方法指利用数学统计分析方法对植被指数进行分析，如通过因子分析、主成分分析等方法，分析草原植被覆盖度的主要影响因素，为草原保护和管理提供科学依据。

（二）土壤侵蚀程度评价

草原退化对土壤侵蚀程度的影响是显著的。草原退化会导致土壤表层植被覆盖度下降、土壤的持水能力下降、土壤质量恶化、土壤侵蚀程度加剧。因此，土壤侵蚀程度评价是评价草原退化程度的重要指标之一。土壤侵蚀程度评价的指标包括土壤侵蚀类型、侵蚀面积和侵蚀强度等。评价方法包括野外调查法、遥感技术和数学模型法等。

野外调查法是评价土壤侵蚀程度的传统方法，其优点在于可以得到现场真实的土壤侵蚀程度信息。野外调查法主要包括样地调查法、距离指示法、横断面法和剖面法等。野外调查法的缺点是耗时、耗力，调查数据的时空分辨率较低，难以反映草原土壤侵蚀的长期变化趋势。

遥感技术是评价土壤侵蚀程度的一种重要技术手段。遥感技术可以通过获取草原遥感图像，利用遥感数据反映土壤侵蚀程度信息。遥感技术的优点在于快速、高效、全面。遥感技术可用于获取大范围、高时空分辨率的土壤侵蚀信息，能够反映草原土壤侵蚀的长期变化趋势。遥感技术中常用的指标包括植被指数、土壤指数和沙尘暴指数等。

数学模型法是评价草原土壤侵蚀程度的一种重要方法，它可以模拟草原土壤侵蚀过程，分析侵蚀过程的机理。数学模型法分为物理模型和统计模型两种。物理模型是基于土壤侵蚀机理的模型，如 RUSLE 模型、WEPP 模型和 SWRRB 模型等。统计模型是基于统计分析方法的模型，如回归模型和神经网络模型等。数学模型法能够分析土壤侵蚀过程的机理和因素，为制定草原保护和治理方案提供科学依据。

（三）水文条件评价

草原退化对水文条件的影响也是显著的。草原退化会导致草原水资源减少、地下水位下降、水循环失衡等问题日益突出。因此，水文条件评价是评价草原退化程度的重要指标之一。水文条件评价的指标包括水资源量、水质和水循环等。评价方法包括野外调查法、遥感技术和数学模型法等。

野外调查法是评价水文条件的传统方法，其可以得到现场真实的水文条件信息。野外调查法主要包括采样观测法、水文站观测法和定量调查法等。野外调查法的优点在于可以得到真实可靠的数据，但是该方法存在样本量少、时空分辨率低、调查数据难以全面反映草原水文条件的问题。

遥感技术是一种评价草原水文条件的重要技术手段。遥感技术可以通过获取草原遥感图像，利用遥感数据反映水文条件信息。遥感技术中常用的指标包括植被指数、水体指数、地表温度等。这些指标可以反映草原水文条件的变化情况。

数学模型法是一种评价草原水文条件的重要方法。数学模型法可以模拟草原水文过程，分析水文过程的机理。数学模型法分为物理模型和统计模型两种。物理模型是基于水文过程的物理机制建立的模型，如 SWAT 模型和 VIC 模型等；统计模型是基于数据分析的模型，如回归模型和神经网络模型等。数学模型法可以分析草原水文过程的机理和因素，为制定草原保护和治理方案提供科学依据。

三、退化原因分析

（一）气候变化

气候变化是草原退化的主要因素之一。气候变化导致草原环境发生了根本性变化，如降水量和温度的变化。草原生态系统对环境变化比较敏感，气候变化导致草原植被覆盖度下降，土壤水分减少，草原生态系统失去平衡，从而引发草原退化。草原生态系统退化程度与气候变化强度和变化速率有关。

气候变化对草原生态系统的影响主要包括降水变化和温度变化。气候变暖导致草原植被覆盖度下降，土壤水分减少，草原退化加剧。由于全球气候变化，草原地区降水量变化较大，导致草原植被减少，草原生态系统逐渐退化。此外，气候变化还会导致草原草种结构发生变化，引发草原生态系统的不同程度的退化。

（二）人类活动

人类活动是导致草原退化的主要原因之一。过度放牧、过度开垦、过度开采和污染等人类活动破坏了草原生态系统的平衡，导致草原退化。

1.过度放牧

草原生态系统的平衡依赖植物、土壤、水、空气等多种生态要素之间的相互作用和平衡。草原植被的覆盖度、物种组成和数量对草原生态系统的平衡至关重要。草原植被主要依靠阳光、水分和养分等生态要素进行生长，而过度放牧会破坏这种平衡，导致草原植被的覆盖度下降，草原退化加剧。

过度放牧会导致草原植被的覆盖度下降。长期的过度放牧会破坏草原生态系统的平衡，使得植被逐渐减少。过度放牧会导致草原地表的土壤侵蚀加剧，使得草原土壤质量下降，草原植被的生长受到限制。此外，过度放牧还会导致草原生态系统中植物种群结构的改变。草原植被覆盖度下降会导致不同物种间的竞争加剧，从而导致草原物种多样性下降，物种间关系的失衡，影响草原生态系统的稳定性。

2.过度开垦和过度开采

过度开垦和过度开采会破坏草原植被的生长环境，导致草原生态系统的失衡和草原退化。

过度开垦是指过度开辟草原土地用于农业、畜牧业、工业和城市化等人类活动。过度开垦会破坏草原植被覆盖，降低草原生态系统的稳定性。草原植被是草原生态系统的重要组成部分，是草原生态系统中多样性和稳定性的保证。过度开垦会导致草原植被的覆盖度下降，从而影响草原生态系统的稳定性和健康状况。

过度开垦还会导致草原土壤中养分的流失和土壤侵蚀。草原土壤中的养分很重要，因为它们支持着草原植被的生长和发展。然而，过度开垦会导致草原土壤中的养分流失，使土壤变得贫瘠。过度开垦还会破坏草原土壤的结构，使得草原土壤变得松散，容易被风蚀和水蚀，从而导致土壤侵蚀。草原土壤的侵蚀会使草原退化更加严重。草原土壤中的养分、水分和有机物等营养物质会随着土壤的流失而丢失，从而导致草原植被的减少和草原生态系统的不稳定。土壤侵蚀还会导致土地质量的下降，降低草原土地的产出和经济效益。

过度开采是指过度开采草原中的矿产资源，如煤炭、铁矿、油气等。这种行为会对草原生态系统造成很大的破坏，导致草原退化。过度开采会破坏草原地下水资源，影响草原植被的生长和发展。草原植被需要充足的水分来维持生长和发育，而过度开采会导致地下水资源的流失和消耗，使草原生态系统的水分供应不足，进而导致草原植被的减少和草原生态系统的不稳定。此外，草原地下水资源是重要的生态水源，过度开采会导致草原生态系统中水资源的不足和水质的恶化。

过度开采还会产生很多废弃物和排放物，如煤屑、泥土、矿渣、废水、废气等。这些废弃物和排放物中含有大量的有害物质，如重金属、氮氧化物、二氧化硫等，对草原生态系统中的植物、动物和微生物等生物体产生负面影响，使草原退化加剧。草原生态系统中的水、空气等对人类健康有着重要的影响，而过度开采会导致环境污染，进而对人类健康产生负面影响。

3. 污染

农业、工业发展和城市化进程的加速导致了大量污染物的排放，这些污染物对草原生态系统产生了很大的影响。例如，农业化肥和农药的过度使用导致草原土壤中的营养元素和毒素含量增加，影响草原植被生长和土壤生态系统的平衡；工业废气、废水和垃圾等的排放，使草原退化加剧。

污染会对草原生态系统产生多方面的影响，其中最明显的是草原植被的生长和发育。草原植被需要一定的环境条件，如光照、温度、水分和养分等，以保持生长和发育。污染会对这些环境条件产生破坏，如降低土壤质量、使水源受到污染等，从而导致草原植被生长和发育受到影响。此外，污染还会对草原生态系统的物种多样性和种群结构产生影响，从而导致草原退化的加剧。

（三）草原生态系统自身因素

草原生态系统自身因素是导致草原退化的重要原因之一。草原生态系统的稳定性和健康状况取决于其自身的生态特征和生态过程。草原生态系统自身因素的破坏会导致草原退化和生态系统的失衡。

1. 植物因素

草原植物是草原生态系统的重要组成部分，对维持草原生态系统的结构和功能起着重要作用。草原植物对草原土壤的保护、水分的调节、土壤养分的循环和营养的供应等起着重要作用。

首先，草原植物的种类和数量是维持草原生态系统的关键因素，竞争是草原植物生长的基本生态过程之一。在竞争中，强者会夺取有限的资源，而弱者则被淘汰。草原植物之间的竞争会影响草原植物的生长和发育，从而影响草原生态系统的稳定性。

其次，生态位是草原植物在生态系统中所处的位置，它反映了草原植物对生态系统中资源的利用效率。草原植物的生态位会受到生态因素的影响，如土壤、水文、气候和群落等，从而影响草原植物的生长和发育。

最后，资源利用效率是指草原植物对资源的利用效率，包括光合作用、营养吸收和转移等过程。草原植物对光合作用和营养吸收的效率会受到土壤水分和养分的影响。草原植物对土壤中水分和养分的需求不同，因此不同的草原植物对生态系统中的资源利用效率有所不同。草原植物的退化会导致草原植被结构的改变和物种多样性的降低，从而影响草原生态系统的稳定性。草原植物的退化和物种的丧失会影响草原生态系统中的生态过程和功能，进而导致草原退化。

2. 土壤因素

草原土壤中的有机质、养分和微生物是草原生态系统的重要组成部分，它们对维持草原生态系统的稳定性和健康状况起着重要作用。土壤因素主要包括土壤物理性质、化学性质、生物性质等。

土壤物理性质是指土壤的物理结构和物理特性，如土壤质地、结构、孔隙度等。土壤物理性质会影响土壤水分和养分的存储和分配，影响草原植物的生长和发育。草原土壤的物理结构和孔隙度的改变会影响土壤的通气和排水性能，进而影响草原植物的生长和发育。

土壤化学性质是指土壤中的化学物质和化学特性，如土壤 pH 值、有机质、养分含量等。草原土壤的化学性质受到自然因素和人类活动的影响。气候变化等自然因素会影响土壤中养分的循环和分配，从而影响草原植物的生长和发育。

土壤生物性质是指土壤中的微生物和其他生物群落，包括细菌、真菌、放线菌和土壤动物等。土壤生物群落对草原土壤的养分循环和有机物分解起着重要作用。草原土壤的生物性质受到土壤物理和化学性质的影响，而生物性质的破坏会影响草原植物的生长和发育。

3. 水文因素

草原水文包括草原水体、地下水、河流和湖泊等。草原水文的破坏和变化是导致草原退化的主要原因之一。

草原水文的破坏和变化会影响草原植物的生长和发育，从而影响草原生态系统的稳定性。草原水文的破坏和变化会导致草原植物的养分供应和水分利用不平衡，进而影响草原植物的生长和发育。草原水文的变化还会影响草原土壤中的养分循环和土壤水分的存储和分配，从而影响草原植物的生长和发育。草原水文的破坏会导致水体污染和水资源的枯竭，影响草原生态系统中植物和动物的生存。草原水文的破坏还会导致土壤的流失和侵蚀，进一步加剧草原退化的程度。

第二节　草原沙化

草原沙化是指草原生态系统逐渐丧失生产力、生态稳定性和多样性，最后演变成沙漠的过程。草原沙化是一种长期的、渐进的自然环境退化过程。

一、沙化类型与特征

（一）风成沙化

风成沙化是指由于风力作用，草原表层土壤中的细沙颗粒逐渐被吹走，形成沙丘和沙漠化。风成沙化是草原沙化的主要形式，主要发生在干旱半干旱地区，尤其是在草原植被覆盖度较低的地区。

风成沙化的特征是沙丘的形成。沙丘通常呈现锥形或带状，沙丘的大小和高度取决于草原植被覆盖度、土壤类型和风力强度等因素。沙丘的形成会导致草原植被覆盖度的降低和土壤水分的流失，进而导致草原退化的加剧。

（二）水成沙化

水成沙化是指由于水土流失和草原水文的变化，导致草原植被覆盖度降低和沙漠化加剧的过程。水成沙化主要发生在草原地区的低洼地带和河谷地带，尤其是在草原植被覆盖度较低的地区。

水成沙化的特征是草原水文的变化。草原水文的变化会导致草原植被的死亡和土壤水分的流失，进而导致草原植被覆盖度的降低和沙化的加剧。

（三）人为沙化

人为沙化是指由于人类活动导致草原植被的破坏和土地利用的变化，进而导致草原沙化的过程。人为沙化主要发生在草原地区的工业化和城市化地带，尤其是在草原植被覆盖度较低的地区。

人为沙化的特征是草原植被的破坏和土地利用的变化。人类活动会破坏草原植被，导致草原土壤水分的流失和沙化的加剧。此外，人类活动还会改变草原土地的利用方式，导致草原退化的加剧。

二、沙化程度的评价

沙化程度的评价是研究草原沙化的重要方面，有助于评估草原沙化的严重程度和采取有效的治理措施。沙化程度的评价通常包括沙丘分布评价、植被覆盖度评价和土壤侵蚀程度评价等方面。

（一）沙丘分布评价

沙丘分布评价是评估草原沙化程度的重要指标之一。沙丘是沙漠化的重要标志之一，其数量和分布情况可以反映草原沙化的程度和发展趋势。沙丘分布评价需要综合考虑沙丘的数量、大小、形态和分布范围等因素。沙丘的数量和分布范围越广泛，表明草原沙化的程度越严重。沙丘的大小和形态则反映沙化的发展趋势和演变过程。综合考虑这些因素，可以得出草原沙化的程度和趋势，为沙化治理提供科学依据。

（二）植被覆盖度评价

植被覆盖度评价通常通过遥感技术和野外调查的方法进行。植被覆盖度的降低可以反映草原沙化的严重程度和发展趋势。植被覆盖度评价需要综合考虑植被类型、植被密度和植被覆盖程度等因素。不同植被类型具有不同的生长特点、耐受性和覆盖程度，因此应根据不同植被类型的特点来评价植被覆盖度。植被密度也是评估草原沙化的重要指标，植被密度越低，草原生态系统的稳定性和生产力就越低。植被覆盖度的评价还需要考虑植被的覆盖程度，即植被覆盖面积与总面积的比例。综合考虑这些因素，可以得出草原沙化的程度和趋势，为沙化治理提供科学依据。

（三）土壤侵蚀程度评价

土壤侵蚀程度评价通常采用野外调查的方法。土壤侵蚀程度评价需要综合考虑土壤类型、土壤质量和土壤流失程度等因素。土壤类型不同具有不同的抗侵蚀能力，因此应根据不同土壤类型的特点来评价土壤侵蚀程度。土壤质量也是评估草原沙化的重要指标，土壤质量越好，草原生态系统的稳定性和生产力就越高。土壤流失程度也是评估草原沙化程度的重要指标之一，土壤流失程度越大，草原生态系统的稳定性就越低。

三、沙化原因分析

草原沙化是由多种因素综合作用导致的，主要包括气候因素、土地利用变化和草地管理不善等因素。

（一）气候因素

气候因素是草原沙化的重要原因之一，气候干旱化和风力增强化是导致草原沙化的主要表现。气候干旱化指的是草原所处的气候变得更加干燥，导致草原植被的死亡和土壤水分的流失，进而导致草原沙化的加剧。气候干旱化是由多种因素综合作用导致的，主要包括气候变化和人类活动等因素。气候变化是导致气候干旱化的主要原因之一，随着气候变得更加干燥和气温升高，草原所处的生态环境逐渐恶化，导致草原植被的死亡和土壤水分的流失。人类活动也是导致气候干旱化的原因之一，如过度放牧、过度开垦、过度采伐等人类活动都会对草原生态系统造成破坏，导致气候干旱化的加剧。

　　风力增强化是另一个导致草原沙化的重要气候因素。在草原沙化的过程中，风沙活动在形成和发展沙丘的过程中起着重要的作用。风力增强化会加速草原土壤中的细沙颗粒被吹走，形成沙丘和沙漠化。风力增强化的原因也是多方面的，主要包括气候干旱化、草原植被破坏、沙尘暴等因素。草原沙化的加剧又会进一步加速气候干旱化和风力增强化的发展，形成恶性循环。

（二）土地利用变化

　　土地利用变化是导致草原沙化的另一个主要原因，主要表现为过度放牧、过度开垦和过度采伐等人类活动。过度放牧会破坏草原植被和土壤结构，进而导致草原沙化的加剧。过度开垦会导致草原土地的水分和养分流失，进而导致草原沙化的加剧。过度采伐会破坏草原植被和土壤结构，进而导致草原沙化的加剧。

（三）草地管理不善

　　草地管理不善对草原沙化的影响主要表现为两个方面：过度利用和不合理的草地管理措施。

　　过度利用是指在一定时期内，草地被人为地过度利用，超过了草地的承载力，导致草原植被的破坏和土地的退化，最终导致草原沙化的加剧。常见的过度利用方式包括过度放牧、过度农耕等。过度放牧是指草地承载量被超过，草原植被被过度利用，导致植被生长缓慢或死亡，甚至引起沙漠化。而过度农耕则会导致草原植被和土地的损失，严重时会使草原转化为耕地，最终导致草原沙化的加剧。

　　不合理的草地管理措施通常会造成草原生态系统的平衡被破坏，草地植被的结构和功能发生变化，进而影响草原生态系统的稳定性。例如，一些地区实施的人工草种改良措施没有考虑到草原自然条件的差异性，导致人工草种生长困难，反而破坏了原生草原植被，促进了沙化的进程。

第三节　草原盐碱化

　　草原盐碱化是指草原土地和水体中盐碱度增加的过程，是一种严重的土地退化现象。

一、盐碱化类型与特征

（一）土壤盐碱化

　　土壤盐碱化是指土壤中盐分含量过高，超过了土壤的承载能力而导致土地退化的过程。它是草原盐碱化中较为常见和重要的类型之一。土壤盐碱化在干旱半干旱地区尤为严重，因为这些地区的降雨量较少，土壤中的水分蒸发速度快，而土壤中的盐分则很难被有效地冲刷掉，从而导致土壤中的盐分不断累积。此外，人类活动的不当也是土壤盐碱化的重要原因，如过度灌溉、大规模放牧、乱砍滥伐等。

　　土壤盐碱化会对草原植被生长、土地利用和生态环境等方面造成严重的影响。土壤中的盐分会抑制植物的生长和发育，导致草原植被的种类和数量减少。这是因为过高的盐分会抑制植物根系吸收水分和养分，同时也会干扰植物的代谢过程，使植物生长缓慢，发育不良。土壤盐碱化也会降低土壤的肥力，导致土地变得贫瘠，难以支持农业生产和人类生活。土壤盐碱化还会降低土壤的持水能力和渗透性，容易造成水土流失和土地退化。

　　其特征主要有以下几个方面，如图4-3所示。

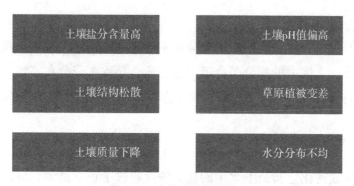

图 4-3　土壤盐碱化的特征

1.土壤盐分含量高

土壤盐碱化的最直接表现就是土壤中盐分含量过高，一般超过土壤容重的10%。高盐含量会使土壤水分子与盐分子形成强烈的吸引力，导致土壤中水分的流动性降低。高盐含量还会对土壤中的微生物和植物生长造成不利影响。

2.土壤 pH 值偏高

盐分的积累会使土壤变得碱性较强，pH 值会升高。这会影响植物的生长和根系吸收养分的能力，也会改变土壤中微生物的种类和数量，导致土地退化。

3.土壤结构松散

土壤中的盐分会使土壤结构变得疏松，容重降低，持水能力下降。盐分还会对土壤黏粒体的吸附作用产生影响，使土壤中的微生物和植物根系无法有效地吸收养分。

4.草原植被变差

由于土壤盐分含量高，草原植被的种类和数量都会受到影响，且生长速度缓慢。高盐含量会抑制植物的生长和发育，使草原变得枯黄、贫瘠，甚至无法支持动物的生存和繁殖。

5.土壤质量下降

盐碱化会使土壤变得贫瘠，缺乏营养元素和微生物，使土地不利于农业生产和草原生态恢复。此外，盐分还会使土壤中的重金属和有机物含量升高，对土壤和环境产生不良影响。

6.水分分布不均

盐分的积累会使土壤中的水分分布不均，导致植物根系难以获取足够的水分和养分。土壤中的盐分子会吸引水分子，导致水分分布不均，出现干旱或过于湿润的现象，这对草原植被和生态环境都会造成严重的影响。

（二）地下水盐碱化

地下水盐碱化是指地下水中的盐分浓度超过了正常范围，导致地下水质量降低的现象。这种现象在草原盐碱化中也是一种常见的类型。地下水盐碱化通常是由水文地质条件、降水、地表水的灌溉和水资源过度开发等多种因素共同作用导致的。

地下水盐碱化对草原生态环境和农业生产等方面造成了严重影响。首先，地下水中的盐分会影响植物的生长和发育，导致草原植被减少和退化。其次，地下水盐碱化会使土壤中的盐分浓度升高，进而影响农作物的生长和发育，从而影响农业生产。地下水盐碱化还会导致地下水资源的损失和浪费，造成不可逆的环境破坏。

地下水盐碱化的特征主要有以下几个方面，如图4-4所示。

图4-4　地下水盐碱化的特征

1.地下水盐分含量高

地下水盐碱化的最明显特征就是地下水的盐分含量超过正常范围。高盐含量会导致地下水中水分的流动性降低，使地下水的利用变得更加困难。

2.地下水 pH 值偏高

地下水盐分含量过高会导致地下水呈现碱性，pH 值会偏高。这会影响植物的生长和根系吸收养分的能力，同时也会改变地下水中微生物的种类和数量，进而影响生态环境。

3.地下水水质变差

地下水盐碱化会导致地下水水质的恶化，使其不适合饮用和灌溉。恶化的水质会抑制植物的生长和发育，导致草原植被的种类和数量减少，甚至出现荒漠化。

4.地下水水位下降

地下水盐碱化还会导致地下水水位下降，使草原植被的生长受到限制。随着地下水水位下降，草原植被的根系将难以获取到足够的水分和养分，进而导致草原生态系统的失衡。

5.水资源的损失和浪费

地下水盐碱化还会导致地下水资源的损失和浪费。由于高盐含量和碱性，地下水无法直接用于农业生产和人类生活，需要通过复杂的处理过程才能变得可用。这不仅增加了水资源的利用成本，还浪费了大量的水资源，对环境造成了不利影响。

6.地下水有害物质含量增加

除了盐分外，地下水还可能含有一些有害物质，如重金属、氮、磷等。这些物质在高浓度下对草原植被和生态环境都具有毒害作用，对人类健康也有一定危害。

（三）表面水体盐碱化

表面水体盐碱化是指水体中盐分含量过高，超过了一定的浓度范围，导致水质恶化的现象。这种现象在河流、湖泊、池塘等水体中比较常见。表面水体盐碱化通常是由气候、土地利用、水文地质条件等多种因素共同作用导致的。

表面水体盐碱化会对生态环境、水资源和人类健康产生严重影响。首先，高盐含量会影响水中生物的生长和繁殖，导致水生生物的种类和数量减少，进而影响整个生态系统的平衡。其次，高盐含量的水体不能直接用于农业生产和人类生活，需要通过复杂的处理过程才能变得可用，这会增加水资源的利用成本，浪费大量的水资源。

表面水体盐碱化的特征主要有以下几个方面，如图4-5所示。

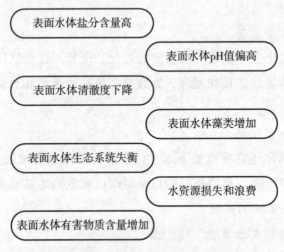

图4-5　表面水体盐碱化的特征

1.表面水体盐分含量高

表面水体盐碱化的最明显特征就是水体中的盐分含量超过正常范围。高盐含量会使水的味道变咸，使水中的生物受到不良影响，对水体生态系统产生不利影响。

2.表面水体 pH 值偏高

表面水体盐碱化会使水体变得碱性较强，pH 值会偏高。这会影响水中生物的生长和繁殖，也会改变水中微生物的种类和数量，进而影响整个生态系统的平衡。

3.表面水体清澈度下降

由于水中盐分含量的增加，表面水体的清澈度会下降，使水体变得浑浊。这会影响水中生物的生长和繁殖，同时也会使水体的景观价值降低。

4.表面水体藻类增加

高盐含量会促进藻类的生长和繁殖，导致水体中的藻类数量增加。虽然藻类是水生生物的一种重要食物，但是过量的藻类会对水体产生不良影响，甚至导致水体富营养化和死亡。

5.表面水体生态系统失衡

表面水体盐碱化会对水中生物的生长和繁殖产生严重影响，导致水体生态系统的失衡。水生生物的种类和数量减少，生态系统的平衡性被破坏，这会导致水生生物的物种减少，甚至灭绝，对生态环境造成不可逆的影响。

6.水资源损失和浪费

表面水体盐碱化会使水体不能直接用于农业生产和人类生活，需要通过复杂的处理过程才能变得可用。这不仅增加了水资源的利用成本，还浪费了大量的水资源。

7.表面水体有害物质含量增加

表面水体盐碱化还会导致水体中有害物质的含量增加，如重金属、氮、磷等。这些物质在高浓度下对水生生物和人类健康都具有毒害作用，对水体和生态环境造成不利影响。

二、盐碱化程度的评价

（一）土壤盐分含量评价

土壤盐分含量评价是评估草原盐碱化程度的重要指标之一。我国草原面积广阔，草原盐碱化普遍存在，且具有地域性和季节性等特点。因此，针对我国草原实际情况，进行土壤盐分含量评价的研究具有重要意义。

我国草原盐碱化程度较重，尤其是荒漠草原和内蒙古高原地区的盐碱化问题尤为突出。我国科学院自然资源综合考察组于 2019 年对我国土壤盐碱化调查结果显示，我国土壤盐碱化面积占总土地面积的 6.4% 左右，其中大部分分布在内陆盆地和干旱半干旱地区。其中，内蒙古自治区、新疆维吾尔自治和甘肃省等地的荒漠草原盐碱化问题较为严重。

（二）地下水盐分含量评价

地下水盐分含量评价是对土壤盐碱化程度进行评估的重要方法之一。盐碱化程度的高低与地下水中的盐分含量有很大关系。地下水中的盐分含量会影响土壤的肥力、植物的生长和生态系统的稳定性。地下水盐分含量评价主要包括以下几个方面。

1. 盐分含量测量

需要通过采样和化验测定地下水中的盐分含量。地下水的采样通常采用专业的地下水监测井，确保采样过程不受表层污染物影响。采集的地下水样品将被送往实验室进行化验，测定其含有的主要离子（如钠、钙、镁、氯等）的浓度。

2. 盐分含量的空间分布

通过地下水盐分含量的空间分布分析，可以了解盐碱化程度在地区内的差异。这对于制定有针对性的治理策略具有重要意义。地下水盐分含量的空间分布可通过地理信息系统（GIS）技术进行可视化呈现。

3. 盐分含量与土壤盐碱化程度的关系

分析地下水盐分含量与土壤盐碱化程度的关系，可为评价土壤盐碱化提供依据。通常来说，地下水中的盐分含量越高，土壤盐碱化程度越严重。然而，这种关系可能受到地下水位、土壤类型、气候条件等因素的影响，因此需要进行综合分析。

4. 盐分含量与生态环境的影响

评价地下水盐分含量对生态环境的影响，可以了解盐碱化对生态系统的潜在威胁。地下水盐分含量过高可能导致土壤结构破坏、植被减少、生物多样性降低等生态问题。分析地下水盐分含量与生态环境之间的关系，可以为制定合理的生态修复策略提供支持。

5. 盐分含量与农业生产的关系

地下水盐分含量对农业生产也有很大影响。高盐分含量的地下水可能导致农田土壤盐碱化，农作物产量降低、品质下降等问题。评价地下水盐分含量与农业生产之间的关系，可以为农业生产制定合适的灌溉方案和盐碱地治理策略提供依据。

6. 监测与管理

定期监测地下水盐分含量是评价盐碱化程度的重要手段。建立长期的地下水盐分含量监测网络，可以及时掌握盐碱化的动态变化，为盐碱地的治理和管理提供科学依据。应实施合理的水资源管理措施，降低地下水过度开采导致的盐碱化风险。

（三）表面水体盐分含量评价

表面水体盐分含量评价同样是评估草原盐碱化程度的重要方法之一。表面水体指的是地表存在的水体，如湖泊、河流、水库等。这些水体的盐分含量对于草原土壤的盐碱化程度以及生态系统的健康具有重要影响。表面水体盐分含量评价主要包括以下几个方面。

1.取样分析

这是最直接的方法，即从表面水体中取样，然后通过化验来测定其盐分含量。通常使用的化验方法包括电导率测定法、气相色谱法等。

2.遥感监测

近年来，随着科技的进步，遥感技术已经被广泛应用于水体盐分含量的监测。这种方法主要通过解析卫星或无人机拍摄的图像，根据水体的反射率、发射率等参数来推测其盐分含量。我国的海洋卫星、水资源卫星等都具有这样的功能。

3.数学模型

通过建立数学模型，结合气候、地形、水文等数据，来推算表面水体的盐分含量。我国的水文学者已经创建了很多这样的模型，如基于遥感的内陆水体盐度估算模型等。

4.生物指示物

水体中的生物组成也可以反映出水体的盐分含量。例如，某些特定的浮游生物或底栖生物只会在特定盐分的水体中生存。因此，通过观察这些生物的种类和数量，可以推测出水体的盐分含量。

三、盐碱化原因分析

草原盐碱化是一个复杂的生态问题，其成因多种多样，主要包括气候因素、土地利用与管理，以及水资源开发和利用等方面，如图4-6所示。

气候因素　　　土地利用与管理　　水资源开发和利用

图 4-6　盐碱化原因分析

（一）气候因素

气候是影响草原盐碱化的重要因素之一。在自然条件下，降水、蒸发、气温等气候因素会影响草原盐碱化过程。

1. 降水

降水是草原地区水分和盐分平衡的主要来源。降水量和降水分布对草原盐碱化具有重要影响。在降水量较少、分布不均的地区，土壤中的盐分容易积累，从而导致盐碱化。此外，降水季节性分布对盐分迁移和积累过程也有重要影响。在雨季，降水可能将表层盐分带走，降低盐碱化程度；而在干旱季节，土壤水分蒸发加剧，盐分则会上升至土壤表层，加重盐碱化。

2. 蒸发

蒸发是草原地区水分和盐分平衡的主要途径。在蒸发大于降水的地区，在土壤水分蒸发过程中，盐分会随水分上升至土壤表层，形成盐渍化。此外，高蒸发条件下，地下水与土壤水分的相互作用加剧，可能导致地下水盐分向土壤中迁移，进一步加重盐碱化。

3. 气温

气温对草原盐碱化的影响主要体现在其对土壤水分蒸发和植物生长的影响方面。高温条件下，土壤水分蒸发加快，从而加速盐分在土壤中的迁移和积累。气温对植物生长具有重要影响。高温可能导致植物生长速度减慢，根系对土壤水分和盐分的吸收能力降低，从而影响草原盐碱化过程。

（二）土地利用与管理

土地利用与管理是影响草原盐碱化的另一个重要因素。不合理的土地利用和管理措施可能导致草原生态系统的破坏，加剧盐碱化过程。其具体表现在以下几个方面。

1. 过度放牧

过度放牧是草原土地利用中的主要问题之一。在草原地区，放牧是主要的土地利用方式。然而，过度放牧会导致草地植被破坏，根系受损，降低土壤对水分和盐分的吸收能力。此外，过度放牧还可能引起土壤板结、地表径流量增加等现象，从而加剧盐分在土壤中的迁移和积累。

2. 不合理的农业耕作

草原地区的农业耕作也可能影响盐碱化过程。过度耕作、滥用化肥、不合理的灌溉等措施可能导致土壤结构破坏、地下水位变化、盐分迁移等问题，从而加重草原盐碱化程度。

3. 土地固定化工程

在草原地区，土地固定化工程是为了防止风沙、恢复植被而实施的一种土地管理措施。如果工程设计和施工不合理，就可能导致土壤结构破坏、地下水位上升等问题，从而加剧草原盐碱化。

（三）水资源开发与利用

水资源开发与利用对草原盐碱化也具有重要影响。在草原地区，水资源开发与利用主要包括灌溉、水库及引水工程、地下水开采等。不合理的水资源开发与利用可能导致地下水位变化、盐分迁移等问题，从而加剧草原盐碱化。

1. 灌溉

在草原地区，灌溉是重要的水资源利用方式。然而，不合理的灌溉方式和灌溉量可能导致地下水位上升、盐分迁移等问题。例如，过量灌溉可能导致地下水位过快上升，使地下水中的盐分向土壤表层迁移，加重盐碱化程度。因此，在草原地区的灌溉管理中，应根据土壤盐碱化状况和作物需求，制订合理的灌溉方案，以降低盐碱化风险。

2. 水库及引水工程

水库及引水工程是草原地区水资源开发的重要方式。然而，不合理的水库建设和引水工程可能导致地下水位变化、河道水文情势变化等问题，从而影响草原盐碱化过程。在水库及引水工程的规划与建设中，应充分考虑其对草原生态系统的影响，采取相应的生态补偿和修复措施，以降低草原盐碱化风险。

3. 地下水开采

在草原地区，地下水是重要的水资源。过度开采地下水可能导致地下水位下降、土壤水分平衡破坏、盐分迁移等问题。为降低草原盐碱化风险，应加强地下水资源的管理，制订合理的开采计划，实施有效的地下水保护措施。

第五章　退化草原生态修复模式

第一节　基于东北草原区的退化草原生态修复模式

一、东北草原区特点

东北草原区包括黑龙江省、吉林省、辽宁省三省和内蒙古自治区的东北部，覆盖在东北平原的中、北部及其周围的丘陵，以及大、小兴安岭和长白山脉的山前台地上，三面环山，南面临海，呈"马蹄"形，海拔为 130 ～ 1 000 m。

（一）地理位置和气候特点

东北草原区是世界著名的温带草原之一。这个地区的气候特点十分显著，它受到季风气候的影响，冬季寒冷，夏季温暖湿润，年平均气温为 –2℃ ～ 10℃，年降水量为 400 ～ 700 mm。

该地区的冬季气温较低，平均气温为 –20℃ ～ –10℃，且持续时间较长，有五六个月之久。这种严寒的气候条件使得该地区的草原植被处于休眠状态，植物生长速度明显减缓，甚至有些植物在寒冷的冬季无法生存。冬季草原上的动物大多进入冬眠状态，比如，熊、貂等哺乳动物会在夏季积累足够的身体脂肪，在冬季进行休眠，以应对极端低温的挑战。

东北草原区春季干燥，气温逐渐回升，但降水量相对较少，容易出现旱情。春季的气候条件对于草原植物生长起到了一定的限制作用。由于缺乏水分的支持，草原植物的生长速度受到一定的影响，生长期相对较短，草量较少，这也影响了草食动物的生存和繁殖。春季降水不足的情况有时也会引发草原火灾，给草原生态系统造成严重破坏。

夏季是东北草原区最为温暖潮湿的季节，降雨量较多，平均气温为 20℃ ～ 25℃，草原植被生长迅速，草量丰富，草食动物的数量和种类也相应增加，这也为掠食动物提供了更为丰富的食源。夏季湿润的气候条件也有利于草原上其他生物的生存和繁殖，如昆虫、鸟类、两栖动物等。此时，草原生态系统呈现出最为繁荣的状态。

秋季东北草原区气温逐渐下降，但气温较为宜人，平均气温为10℃～15℃，草原植物在夏季积累了充足的营养和水分，此时草量增加，草食动物也有更多的食源。秋季也是采摘野生果实的好时节，例如，野葡萄、山楂等果实丰富，为动物提供了丰富的营养。

（二）植被类型

东北草原区的植被类型主要包括草本植物和少量的灌木植物。草本植物在该地区占据着绝对的主导地位，是草原生态系统中重要的组成部分。这些草本植物一般生长在开阔的草原上，具有较强的适应性和生命力，能够在极端的气候条件下生存和繁殖。

针茅是一种多年生草本植物，耐寒性强，能够在寒冷的冬季中保持休眠状态，春季来临后迅速恢复生长。针茅草原的生产力相对较低，但其草地覆盖率高，是牛、羊等草食性动物的重要食物来源。此外，针茅草原也有重要的草药资源，如黄芪、当归等。

羊草草原是东北草原区面积较大的草原类型之一，其植物种类较为丰富，主要以羊草为代表。羊草生长范围广泛，耐旱、耐寒、抗逆性强，适应性较强，是东北草原区重要的植物资源之一。羊草草原的生产力较高，草地覆盖率高，也是牛、羊等草食性动物的重要食物来源。

禾草草原植物种类较为丰富，适应性较强，能够在不同的气候条件下生长繁殖。禾草草原生产力较高，草地覆盖率也较高，为牛、羊等草食性动物提供了丰富的食物来源。

东北草原区还有其他草原类型，如典型草原、针阔混交草原、草甸等。这些草原类型的分布受到气候、土壤、地形等多种因素的影响，其植被类型也各有特点。

（三）土壤类型

东北草原区是我国重要的草原区之一，该地区的土壤类型多样，主要包括黑土、棕壤、沙质土等类型。这些不同类型的土壤都有着不同的特点，为该地区的生态系统和农业生产提供了条件。

黑土是东北草原区重要的土壤类型之一，主要分布在该地区的中部和东部。黑土具有高度的肥沃性和良好的保水性，属于独特的黏粒土，土壤肥力较高，富含有机质和养分，是世界上富饶的土壤之一。黑土深厚，土层中有较高含量的腐殖质和微生物群体，保水能力强，有助于草原植物的生长和繁殖。黑土是适合大量农作物生长的优质土壤，为东北草原区的农业生产奠定了坚实的基础。

棕壤主要分布在该地区的西北部和东南部。棕壤通常呈棕色或红棕色，具有中等肥力和中等的保水性，土质松散，容易透水。棕壤中钾和磷的含量较高，氮的含量较低，适合生长一些对氮的需求不高的草原植物，如沙棘、薹草等。

沙质土主要分布在该地区的边缘地带，如辽宁省西南部、吉林省东部、黑龙江省中部等地。其土质较为松散，容易透水、透气，但保水能力较差。沙质土的土层较薄，土质贫瘠，有时候还会出现风沙现象，但是对于适应干旱条件的草原植物能提供很好的生长环境。比如，沙丁草、紫花苜蓿等草原植物就比较适合在沙质土上生长。

这些不同类型的土壤为东北草原区的生态系统奠定了基础。草原植被在这些土壤中生长，为草食性动物提供了丰富的食物资源，形成了草原生态系统的平衡状态。这些土壤也为人类的农业生产提供了重要的条件，使东北草原区成了我国重要的粮食生产区之一。除了黑土、棕壤和沙质土，东北草原区还有其他不同类型的土壤，如黄土等。这些土壤类型在该地区的不同地带分布，也对当地生态系统和农业生产产生了不同的影响。

（四）生物多样性

东北草原区的生物多样性非常丰富，拥有着众多的植物和动物物种。这里的植物种类有 2000 余种，其中许多是珍稀植物。这些植物种类在东北草原区的不同地带分布，其中一些植物还具有重要的药用价值。

除了植物，东北草原区还生存着众多的草原动物。这里有许多典型的草原哺乳动物，如蒙古马、鹿、狼、狐狸、马鹿等。这些动物都是适应草原环境而形成的物种，它们与草原植物共同构成了一个富有生机的生态系统，维持着草原生态平衡。除了哺乳动物，东北草原区还有着丰富的鸟类和昆虫等生物，如鸳鸯、白鹤、百灵、虎头蜂等。这些生物丰富了东北草原区的生态系统，同时也是生态系统的重要组成部分。

东北草原区的生物多样性对于科学研究、生物资源开发和生态旅游具有重要价值。生物多样性是研究生态系统功能的重要基础，了解和保护这些珍贵的物种对于人类了解和保护自然环境具有重要意义。此外，东北草原区的生物资源也具有重要的经济价值。草原生态旅游也是东北草原区的重要产业之一，吸引了大量的游客前来观赏、拍摄草原上的美丽风光和珍稀动植物。

（五）人类活动影响

东北草原区的生态环境遭受了大量人类活动的影响。过度放牧是东北草原区受到严重影响的人类活动之一。随着人口增长和畜牧业的发展，草原植被被大量破坏，许多草原植物也因此面临濒危或灭绝。过度放牧还会导致草原土地压实，使土壤无法透气透水，同时也使植被难以恢复。过度放牧对草原生态系统的稳定性和可持续性产生了负面影响。

过度的耕作和化肥农药使用会导致土壤质量下降和土地退化，使得草原地区的土地变得贫瘠，影响了草原生态系统的稳定性，草原的生物多样性也受到了破坏和威胁。大规模的人工造林和种植作物也会影响草原生态系统的稳定性，使得植物的种类和数量发生变化。

工业和交通基础设施建设对东北草原区的生态环境产生了一定影响。随着经济的发展和城市化进程的加速，草原地区的工业和交通基础设施建设不断扩大，导致大量的土地被开发和占用。工业和交通基础设施建设还会产生大量的污染物，严重污染草原的水、土和空气，影响生态环境和生物多样性。

二、东北草原区的生态修复

东北草原区的生态修复类型如图 5-1 所示。

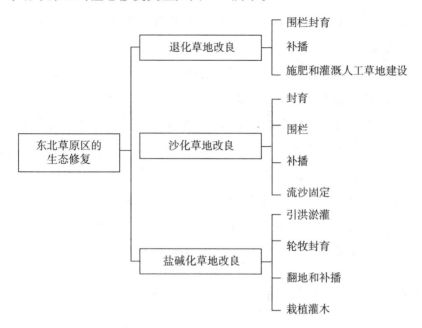

图 5-1　东北草原区的生态修复类型

（一）退化草地改良

退化草地的恢复和改良是东北草原区可持续发展的重要措施。近几十年来，研究者通过大量实验和实践，积累了许多有效的植被恢复重建技术。

其中，围栏封育是一种常见的技术措施，适用于草地土壤贫瘠、植被覆盖度低的地区。围栏封育可以限制牲畜的放牧范围，保护草地植被，增强草地的自我修复能力。

补播是另一种常见的草地改良方式，特别适用于退化草地。例如，在科尔沁退化草地上补播适宜的禾本科牧草和豆科牧草，大幅度提高了草地产量，改善了草地质量。在草地缺乏优质牧草的情况下，也可以通过翻耙改良技术来提高草地质量。在科尔沁草原采用翻耙措施进行的草地改良试验表明，不论草地植被类型如何，在 1 平方米草地中只要有 10 株以上的根茎性禾草如羊草、拂子茅和白草等，翻耙后经过 2～3 年，就可以成为优质而高产的禾草草地，其生物量可达原草地的 1.5 倍。

施肥和灌溉在草地改良中也常采用。在草地上施用适量的肥料和灌溉水能够加快牧草生长速度并提高其产量，改善草地状况。每公顷施用硫酸铵 150～300 kg，可增产干草 1 500～4 200 kg，提高产量 40%～60%，平均 1 kg 氮肥可增产 13.1 kg 干草。在科尔沁沙地乌兰敖都地区的试验证明，灌水对牧草产量增加的效果非常明显。

人工草地建设是退化草地改良的又一种重要手段，但在不同地区适合的草本和灌木牧草种类各有不同。以科尔沁沙地为例，适合的草本牧草包括沙打旺、羊草、披碱草、紫花苜蓿、草木樨等，适合的灌木牧草包括小叶锦鸡儿、油蒿、差巴嘎蒿等。在建立高产人工草地时，采用禾本科牧草和豆科牧草混合效果最佳。而呼伦贝尔市自 1958 年开始引种草地，并筛选出适合当地发展的野生优良牧草，如羊草、冰草、披碱草等。

（二）沙化草地改良

东北草原区沙化草地改良的措施和手段主要包括封育、围栏、补播、流沙固定等方法。

1. 封育

禁止放牧，能让沙化草地恢复自然生态系统，并能减少人类活动对植被的破坏。长期封育能够促进沙化草地植被覆盖度和生物量的提高，降低杂草比例，提高土壤肥力并增加水分储备。

2. 围栏

围栏是一种常见的沙化草地改良措施，其作用是通过建立物理屏障，限制牲畜的放牧活动，减少牧畜对沙化草地的破坏，有助于沙化草地的恢复。

围栏的建设可以采用多种材料，如木杆、铁丝网、塑料网等。根据草地的大小和形状，可以选择不同形式的围栏，如圆形、长方形、多边形等。在建设围栏时，需要考虑牲畜活动的规律和放牧的习惯，选择合适的围栏位置和形状，以达到最佳的限制放牧效果。

围栏的优点是简单易行，可以在较短的时间内实现，并且不需要大量投入资金。此外，围栏的效果稳定，能够持续较长时间，对沙化草地的恢复和保护效果显著。

3.补播

补播是一种常见的沙化草地改良措施，其主要作用是通过引入适宜的植物种类，促进沙化草地的植被恢复和生态系统的重建。补播可以采用人工或者飞机等方式，根据具体情况选择不同的播种方式。

在进行补播前，需要进行充分的前期调查和实地考察，确定适宜的植物种类和播种时间。根据沙化草地的地形地貌、土壤类型、水分条件、气候条件等因素，选择适宜的植物品种进行补播。一般而言，适宜的植物品种应具有以下特点：对干旱和寒冷适应能力强，对盐碱度和沙质土壤适应性强，生长速度快，可形成稠密的草地覆盖，能够有效防止沙漠化的进一步扩散。

常见的适宜补播的植物品种包括差巴嘎蒿、小叶锦鸡儿、沙打旺等。这些植物品种在沙化草地上生长强健，根系发达，能够有效地抵御风沙的冲击，同时还能够增加土壤有机质和水分含量，改善土壤环境，为后续植被恢复和生态系统重建创造良好的条件。

4.流沙固定

流沙固定是沙化草地改良的重要措施，主要采用"沙障+固沙植物"模式进行。

沙障是固定流沙的关键，可以分为死沙障和活沙障两种。死沙障是指使用死亡的植物、干燥的树枝、砾石、黏土等材料进行固定，其主要作用是阻挡流沙的进一步扩散。死沙障可以在短时间内建立，效果明显，但耐久性较差，易被风吹散，需要不断更新。活沙障是指使用有活力的树枝等材料进行固定，其主要作用是阻止流沙的移动和固定沙丘，同时具有较好的耐久性。活沙障需要较长时间的生长才能够发挥其固定效果，但一旦形成，可以长期保持其固定效果。

固沙植物以乡土植物为主，如差巴嘎蒿、乌丹蒿、黄柳、小叶锦鸡儿、山竹子、樟子松、杨树等。这些植物具有较强的抗旱、耐寒和适应沙质土壤的能力，能够有效地固定流沙，改善沙化草地的生态环境。其中，黄柳、樟子松、杨树等树种主要用于阻沙，差巴嘎蒿、乌丹蒿、小叶锦鸡儿、山竹子等草本植物则主要用于固沙。

（三）盐碱化草地改良

盐碱化草地改良的措施和手段之一是引洪淤灌。引入洪水或河道泥沙可以增加土壤含水量，从而改善植被生长的条件。引洪淤灌可以使天然牧草的鲜草产量增加为原来的 1.6 ~ 3.7 倍，但需要注意合理利用水资源，防止对土地造成不必要的影响。

轮牧封育也是盐碱化草地改良的有效手段之一。通过轮流放牧，盐碱化草地得到休养和恢复，植被覆盖度和生物量得到提高，同时可以减缓盐碱化的速度。封育则是禁止放牧，让草地得到恢复和生态系统的重建，同样可以改善盐碱化草地的生态环境。

翻地和补播也可以对盐碱化草地改良起到重要作用，通过翻地，可以减小盐碱土层的深度，同时施用土壤改良剂石膏，有利于提高土壤质量和改善植被生长条件。补播适宜的牧草，也可以有效地提高盐碱化草地的牧草产量。在进行补播时，需要根据不同的区域和土壤特点选择适宜的植物品种，因地制宜地进行。

另外，栽植灌木也是盐碱化草地改良的有效措施之一。灌木植物具有耐盐碱的特点，可以生长在盐碱化草地上，同时也可以提供生态系统中的多样性，促进生态系统的恢复和重建。

第二节　基于蒙宁甘草原区的退化草原生态修复模式

一、蒙宁甘草原区特点

蒙宁甘草原区包括内蒙古自治区、甘肃省两省区的大部分、宁夏回族自治区的全部，以及冀北、晋北和陕北草原地区，面积约占全国草原总面积的30％。

（一）地理位置和气候特点

高原是这一草原区的主要地貌特征，如阴山以北的内蒙古高原，贺兰山以东的鄂尔多斯高原以及陕西省北部、甘肃省东南部的黄土高原，它们大多被不同植被类型的草原所覆盖，海拔 1 000～1 500 m。此外，还有部分山地、低山丘陵、平原和沙地等。

本地区山地多为中低山，主要有大兴安岭和阴山山地，高度一般不超过2 000 m。由于这两条山脉纵横叠置，阻碍着东来的湿润气流向西侵入。因而本地区东部受湿润气流的滋润，牧草茂密，加上河湖较多，成为水草丰美的草原；西部则干燥，蒸发强烈，只具有耐盐、耐旱的半灌木、灌木的生长条件。

蒙宁甘草原区气候类型为典型的季风气候。冬季受极地大陆气团的影响，寒冷干燥；夏季则受热带海洋气团的控制，温湿多雨；春、秋两季属于过渡类型，气候变化多端。年降水量由东部的 200 mm 降至西部的 100 mm左右，内陆中心甚至在 50 mm 以下，而年蒸发量则为 1 500～3 000 mm，为降水量的数倍至数十倍。

（二）植被类型

蒙宁甘草原区的植被类型主要包括草原、荒漠草原、草甸、灌丛和森林等。草原是该区的主要植被类型，占总面积的 70% 以上。草原主要分布在内蒙古高原和黄土高原地区，分为典型草原、荒漠草原、针叶林草原、湿地草原等多种类型。不同类型的草原植被有其不同的特点。

典型草原的主要植被是多年生禾草和早熟禾等，此外还有一些短命草和灌木。荒漠草原的植被多为一些对干旱条件适应性较强的草本植物和灌木，如羊草、碱蓬、沙漠柴胡、蒿属植物等。针叶林草原的植被以松、柏、落叶松等针叶树种为主，草本植物也有一定的分布，主要是高山草甸。湿地草原的植被多为一些湿生或半湿生植物，如苔藓、草甸等。

蒙宁甘草原区的植被密度不均，一般以草本植物为主，其中多为优良牧草，如羊草、披碱草、雀麦草、针茅、冰草、早熟禾、野苜蓿、草木樨、冷蒿、野葱、锦鸡儿等。这些植物营养丰富，对牲畜生长发育有很好的促进作用。草原还有一些杂草，如蒿属植物、豆科植物等，需要控制其生长以保持草原生态平衡。

草原上还有一些灌木、乔木，如柽柳、胡杨、樟子松、杨树等，它们能够抵御草原的风沙侵蚀，稳定草原生态环境，保护草原生态系统的完整性和稳定性。

（三）土壤类型

蒙宁甘草原区的土壤类型较为多样，常见的土壤类型有栗钙土、棕钙土、灰棕荒漠土等。

栗钙土是一种典型的草原土壤，分布范围广泛，多见于内蒙古草原地区，其主要成分是碳酸钙和黏土。栗钙土质地较重，结构松散，具有良好的透水性和透气性，肥力较高，含有大量的养分和微量元素，适宜作为农业生产和草地建设的土壤。

棕钙土是一种钙性土壤，其颜色呈棕色或灰棕色，主要成分是钙质和石英，含有较高的碱度和可交换钠离子，土壤呈碱性。棕钙土质地较重，结构松散，含水量较高，透水性较差，土壤肥力一般，适宜作为草地建设的土壤。

灰棕荒漠土是一种荒漠化土壤，主要分布在蒙宁甘草原区的西部和南部，呈灰色或灰棕色，主要成分是砂、粉砂和细石子，土壤质地较轻，含水量较低，土壤肥力较低，适宜种植耐旱、耐盐碱的植物。

此外，蒙宁甘草原区还有其他一些土壤类型，如红黄土、草甸土、沙土等，这些土壤类型也对草原生态系统的发展和植被分布产生着重要的影响。

（四）生物多样性

植物方面，该区域分布着众多的草原植物，包括不同类型的草本植物、半灌木、灌木和乔木等，共有900多种。其中优良牧草200多种，如羊草、披碱草、雀麦草，针茅、冰草、早熟禾、野苜蓿、草木樨、冷蒿、野葱、锦鸡儿等。这些植物种类繁多，营养丰富，适合各种牲畜食用，保障了当地畜牧业的发展。

动物方面，蒙宁甘草原区也拥有众多的物种。典型的草原动物有马、牛、绵羊、山羊、骆驼、鹿、狍子、野兔、狐狸、狼等。这一区域还有众多鸟类和昆虫等生物，生物多样性极其丰富。

在这个区域内，有许多珍稀物种，如藏羚羊、北方豹、金雕、东北虎、黑鹳、白鹤等。其中，东北虎是我国特有的珍稀野生动物之一，也是国家重点保护的野生动物之一，因其数量极少而濒临灭绝。

二、蒙宁甘草原区的草原改良的技术措施

蒙宁甘草原改良的技术措施如图 5-2 所示。

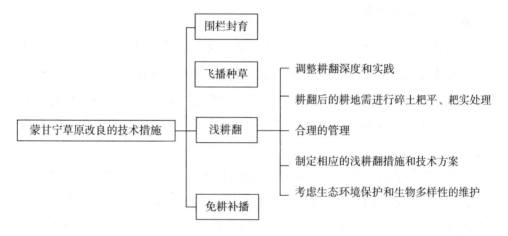

图 5-2　蒙宁甘草原改良的技术措施

（一）围栏封育

围栏封育是蒙宁甘草原区草原生态系统修复中的重要手段之一。围栏封育通过封闭草原，限制或者禁止牲畜放牧和采草，使草原得到休养生息的时间，逐渐恢复和增强营养繁殖和有性繁殖能力，达到改良退化草地的目的。

在内蒙古自治区和宁夏回族自治区，围栏封育已经成为草原生态系统修复中最为普遍和有效的措施之一。一些研究表明，围栏封育能够提高草甸退化植被群落物种的丰富度和均匀度，从而改善退化草地生态系统的结构并提

高其功能。围栏封育也能够保护草原水源和土壤，避免产生因过度放牧或采草引起的水土流失、草原退化等问题。

围栏封育的实施需要考虑不同地区、不同草原类型和不同牲畜品种的实际情况，因地制宜地进行。比如，在内蒙古自治区，为了避免牲畜和围栏的冲击对草原造成影响，围栏一般采用石礅、木杆等建立固定，同时在牲畜入口处设置栏杆，引导牲畜顺着围栏行走。

需要注意的是，围栏封育并不是一种单一的措施，而是需要与其他措施相结合，如与草种改良、补播、生态畜牧等措施共同实施，从而达到草原生态系统的综合治理效果。

（二）飞播种草

飞播种草是一种快速恢复草原的有效措施。在蒙宁甘草原区，飞播种草的主要实施时间是在春季和秋季，这个时期草原土壤温度和湿度适宜，有利于草种子的发芽和生长。飞播种草可以通过快速增加植被覆盖度，提高草地固土保水能力，减少水土流失和风蚀等自然灾害的发生，达到恢复和改善草原生态系统的目的。

在实施飞播种草时，需要进行区域规划和设计，确定种植的区域和草种。草种选择要根据草地的土壤类型、气候条件、水分状况等因素进行综合考虑，选用具有耐旱、抗逆性强的优良草种，如羊草、披碱草、狼尾草等。草种之间也要进行配比，使草地的营养均衡，以产生更好的经济效益和生态效益。

飞播种草的具体实施方法是通过飞机将草种子均匀地撒播到草地上。在实施过程中，需要注意飞机的高度、速度和喷撒量的控制；播种后还要进行科学管理，如加强草地保护、控制放牧量、进行草地施肥等，以加快草地的恢复和增长。

在内蒙古自治区、甘肃省和宁夏回族自治区等地的实践中，飞播种草已经取得了显著成效。通过飞播种草，草地覆盖度和草原生产力得到了显著提升，土壤和水分状况得到了改善，草原生态系统的稳定性和健康性得到了提高，为草原生态修复和保护做出了贡献。

（三）浅耕翻

浅耕翻是一种简单、易行的草地改良方法，对于荒漠化和沙漠化草原区的修复具有一定的应用前景。在蒙宁甘草原区修复中，浅耕翻的措施主要包括以下几点。

①调整耕翻深度和时间。耕翻深度一般控制在 15～20 cm，耕翻时间应选择在适宜的季节进行，一般在春季或秋季较为合适。

②耕翻后的草地需进行碎土耙平、耙实处理，以提高土壤质量，促进植被恢复。

③耕翻后草地需进行合理的管理，如进行防沙固沙、施肥、灌溉等，以促进草地的恢复和发展。

④针对不同地区的草地类型和生态环境，应制定相应的浅耕翻措施和技术方案，以达到最佳的效果。

⑤在浅耕翻过程中，应充分考虑生态环境保护和生物多样性的维护，避免对当地生态环境造成负面影响。

（四）免耕补播

免耕补播是一种不经过常规土壤耕作措施和耕作程序，直接利用免耕机械在松土的同时直接播种的耕作方法。其优点是避免表土外翻，减少土壤水分蒸发和有机质损失，实现松土、切割土壤根茎和播种一次性完成。该方法已成为普遍采用的植被恢复补播措施。

李永刚等经过试验得出：采用免耕补播改良的草场产草量显著提高，第一年增加 33.87%，第二年增加 54.32%，第三年增加 116.82%；补播草场自身产量第二年较第一年增加 50.6%，第三年较第二年增加 85.6%。[①] 免耕补播还能保持土壤原有结构和养分，降低草原改良的耕作费用，大大降低了成本投入。

在蒙宁甘草原区修复中，免耕补播已得到广泛应用。例如，在内蒙古中部草原区，采用草地免耕松播联合机组应用于天然退化和沙化草原，具有明

---

① 李永刚，包采铃.天然草场松土补播改良试验效果观察 [J].牧草饲料，2011（9）：131-132.

显增产效果，原始植被破坏率小于 30%，保持了土壤的原有结构和养分。在甘肃省草原区，免耕补播也被广泛应用。根据王德华的试验结果，改良的阴坡、半阴半阳坡和阳坡的草地产草量分别为同类天然草地的 3.56 倍、2.24 倍和 1.75 倍，牧草的粗蛋白质含量分别为天然牧草的 2.52 倍、2.13 倍和 1.75 倍。[1]

三、蒙宁甘草原区生态修复技术模式（以内蒙古草原区为例）

针对蒙宁甘草原区不同类型和程度的草地退化情况，可以将草场划分为不同的利用单元，如家庭牧场或联户。在草原与草业方面，可以采用围栏封育、浅耕翻、补播改良和划区轮牧、限时放牧等配套技术，结合当地实际情况选择合适的技术方案，辅之以人工饲草料基地建设。通过科学合理的草原保护、建设、利用和管理，形成草原生态修复技术模式，实现草地生态和生产功能的良性体现，以达到可持续发展的目标。

（一）草甸草原

草甸草原是以根茎型禾草——羊草为主的草原类型。对于草甸草原的生态修复，需要根据草场的退化程度和利用单元的不同，采取相应的措施。

对于退化草地单元，需要实施围栏封育措施，以避免过度放牧造成的草地退化，让植被有充分的生长时间和空间，逐步恢复草地的生态功能；对于中轻度退化的羊草草地单元，采取浅耕翻措施可以疏松土壤，促进植被的生长；对于严重退化的草地单元，可以采取"浅耕翻 + 补播"的方式进行修复。

在放牧草地单元实施划区轮牧和限时放牧的技术措施。这样可以让草地得到充分的休息和恢复，提高畜产品的贡献率。在打草场单元采取放牧地与打草场轮换利用技术，辅助带状打草进行草地休闲恢复，调整刈割时间，辅助施肥、切根、松土复壮等措施，提高草地产量及品质，调节牲畜饲草的季节不平衡，保障冬春草地的饲草供给。

---

① 王德华.免耕播种优良牧草改良草山草坡的试验[J].中国草地，1992（4）：27-30.

（二）典型草原、荒漠草原

典型草原和荒漠草原是内蒙古草原的两个重要类型。以家庭牧场或联户为单位，将草场划分为退化草地、正常草地和人工饲草料基地三个利用单元。在退化草地单元，通过实施围栏封育和免耕补播等技术措施，修复植被，促进生态恢复。在正常草地单元，通过实施冬春季休牧、夏秋季轮牧和限时放牧的技术措施，提高畜产品的贡献率，保证草地生态和生产功能的良性体现。在人工饲草料基地单元，种植高产青贮玉米和优质苜蓿，收获高产优质的饲草料，补充冬春季节的饲草不足。通过畜产品地理认证和发展牧户游等草原资源的利用方式，增加农牧民收入，减轻对牲畜增收的依赖，从而达到草原生态修复的目的。这些核心技术和配套技术的集成、组装和熟化，为治理与合理利用典型草原和荒漠草原提供了可借鉴的生产、示范模式。

（三）荒漠、沙地

由于本区域多风少雨，可利用植被资源稀缺、人居条件恶劣，配合转移支付政策，积极引进社会资本发展药材产业、旅游业等。

在技术措施上采取"围栏封育+补播"措施。补播牧草须选择适合当地生境条件的优良牧草种子进行补播，做到草、灌结合，长寿与短寿植物结合，如柠条、沙蒿、羊柴、草木樨、沙打旺等，且因地制宜采取不同的组合配比。在植被覆盖度在25％以下、地形高差小、沙丘高度不超过5米、大面积集中连片的地段，采取飞播种草的方式进行补播；在局部小面积的地区采用人工模拟飞播的方式进行补播；在固定沙丘和流动、半流动沙地及风沙危害严重的地段，首先采用灌木固沙或设置机械沙障固沙，再进行补播种草。

第三节　基于南方草山草坡区的退化草原生态修复模式

一、南方草山草坡区特点

在我国南方诸省，除了广大的肥田沃土以外，还有大片的草山草坡，比比皆是的林间草地，以及大量零星分布的"三边"草地，这些统称为南方草山草坡区。该地区也泛指长江流域以南的广大地区，包括四川省（西部阿坝、甘孜和小凉山部分地区除外）、云南（迪庆地区除外）、贵州、湖南、湖北、安徽、江苏、浙江、福建、广东、海南、广西等省区各种类型的山丘草场。

（一）地理位置和气候特点

本地区多数地区为海拔 1 000 m 以下的丘陵山区。低地、河谷和山间平原地带，多属农业用地，低、中山顶部多有森林分布。坡度较大、土层较薄的地段，在森林被破坏以后，多沦为次生草地。由于草山、森林和农田多处于穿插状态，所以草山资源具有很大的分散性。

热带草山区的气候主要是热带季风气候，全年温度高、湿度大，雨季为 6～8 个月，降水量充沛。广东、海南的热带草山分布在大陆沿海丘陵地区和岛屿周围，气候温暖湿润，适宜生长高大的禾本科牧草。而广西和云南的热带草山气候则相对干燥一些，适合生长耐旱的禾本科牧草和一些灌丛、稀树。总体来说，热带草山气候温暖潮湿，降水充沛，适合发展畜牧业。

亚热带草山区的气候则是亚热带季风气候，四季常绿，雨量充沛，无霜期长，适合生长各类禾本科牧草和豆科草。这些地区气温适宜，日照充足，降雨集中在夏季，具有适宜发展畜牧业的气候条件。草坡植被以禾本科的芒草为主，也有少量的豆科、菊科和杂类草。

南方草山区由于气候温暖、雨量充沛，能够生长多种牧草和其他饲用植物。这些草地分布较为零散，在池周溪畔、村前舍后、田边路旁等地。这些草地虽然规模不大，但草量高、质量好，对于发展畜牧业仍具有重要作用。

（二）植被类型

南方草山区的植被类型非常丰富，因为其地理位置和气候条件都非常优越。在南方草山区，植被可以分为森林、灌丛和草原三种类型。

1. 森林

在南方草山区，森林主要分为针叶林和阔叶林两种。针叶林多分布在海拔较高的山地上，阔叶林则主要分布在低海拔地区。这些森林的树种非常多样化，针叶林中常见的树种有松、云杉、冷杉、红杉等，而阔叶林中常见的树种则有椴树、榉树、栎树、楠木等。

2. 灌丛

南方草山区的灌丛主要由柞木、黄连木、山茶等组成，这些植物多分布在海拔较低的山地上。灌丛的株高一般在 2～4 m，它们有着比较发达的根系，能够在山地中生长得非常好。此外，灌丛的覆盖度比较高，可以有效地保持土壤的水分和抵御水土流失的危害。

3. 草原

南方草山区的草原可以分为热带草原和亚热带草原两种类型。热带草原主要分布在广东、海南、广西和云南等省份，而亚热带草原则广泛分布于云南、贵州、广西、广东、湖南、湖北、江西、江苏、福建等地。

南方草山区的草原植被类型非常丰富，常见的牧草包括蜈蚣草、华三芒、白茅、桃金娘、鸭嘴草、斑茅、芒草、须芒草、菅草、扭黄茅、狗尾草、刺芒野古草、香茅等。这些牧草不但种类繁多，而且分布范围广泛，可以适应南方草山区的不同气候和地形条件。草原植被的覆盖度一般为80%～90%，草层高度为 1～1.5 m，亩产干草量一般为 150～200 kg。

（三）土壤类型

南方草山草坡区的土壤类型比较复杂，受地形、气候、植被等多种因素的影响。一般来说，南方草山草坡区的土壤类型主要包括红壤、黄壤、棕壤、山地灰土、紫色土等几种类型。

红壤主要分布在南方地区，通常是在低丘、丘陵和山地上发育。这种土壤的颜色以红色为主，因为其铁和铝含量较高。红壤具有很好的通透性，但是比较贫瘠，容易被侵蚀。红壤的养分含量较低，因此适合于种植适应低营养的作物，如茶叶、油茶、葡萄等。

黄壤分布范围比较广泛，包括江苏、安徽、浙江、湖北、湖南、江西、广西等省区。黄壤的颜色比较浅，以黄色为主，它具有良好的通透性，同时黄壤的肥力较高，适合种植各种作物，如水稻、小麦、玉米等。

棕壤是南方草山草坡区另一种常见的土壤类型。棕壤主要分布在贵州、广西、福建、湖南、江西等省区，它的颜色以棕色为主，因为其中铁和铝的含量较高。棕壤的肥力比较高，土质松散，适合种植各种作物，如茶叶、桑树、柑橘等。

山地灰土是一种分布范围比较窄的土壤类型，它主要分布在云南、贵州、广西等省区。山地灰土是一种灰色的土壤，因为其中含有较多的石灰，所以具有较高的肥力。但是由于这种土壤的容重较高，通透性差，所以不太适合种植根系较深的作物。

紫色土是南方地区的特有土壤类型，分布于亚热带草山和次生林区，如贵州、湖南、江西、福建等地。紫色土是一种极度老化的土壤类型，表现为暗紫色，因铁氧化物的存在而呈现出特殊的紫色。紫色土受长期侵蚀和强烈的化学风化影响，土壤含有丰富的石英和黏土矿物质，而脱除了大量的钾、钠、钙、镁等可溶性盐类，导致土壤酸性较高，且富含铁、铝、硅等成分。这种土壤层次丰富，表层贫瘠，下层含有相对较多的可溶性盐类和重金属，因此适合生长草本植物和灌木，而不适合大规模种植耕作作物。此外，紫色土也有一定的肥力，尤其是富含钾元素，因此被广泛用于开采钾盐矿，同时也是重要的林业土壤类型。

（四）生物多样性

南方草山草坡区的生物多样性非常丰富，包括丰富的植物、动物和微生物种类。这些生物使这个地区成了一个重要的生态系统，具有重要的生态价值和经济价值。

植物多样性是南方草山草坡区的一个显著特点。这个地区拥有着大量的草本植物、灌木和树木物种。其中，以草本植物为主，有大量的禾本科、豆科和菊科植物，如孟加拉野古草、丈野古草、龚氏金茅、白茅、草木樨、香茅、蜈蚣草、华三芒、白茅、青香茅、桃金娘、鸭嘴草、班茅、芒草等。这些草本植物种类繁多、形态各异，生态习性不同，使得整个草山草坡区域具有很高的植物多样性。

此外，南方草山草坡区的灌木和树木物种也非常丰富。在这里，生长着不少的针叶林和阔叶林，如松树、柏树、樟树、杉木、木荷、杜仲、青檀、紫檀、榉树、水青树等。这些树种不仅提供了人们所需要的木材、树皮、果实等资源，也为这个地区的生态系统提供了必不可少的栖息地和食物来源。

在南方草山草坡区，动物种类也非常丰富，包括哺乳动物、鸟类、爬行动物、两栖动物和昆虫等。这里拥有着丰富的野生动物资源，如野猪、穿山甲、猴子、松鼠、鹿、野兔、野鸡、鸟类等。这些动物在地区的生态系统中扮演着重要的角色，如控制害虫、传播花粉、分解有机物质等。

除了上述植物和动物的多样性，南方草山草坡区还具有丰富的微生物群落。微生物是生态系统中最基础、最基本的生命形式之一，其生物多样性与生态系统的稳定性和功能密切相关。研究表明，南方草山草坡区的土壤微生物群落种类繁多，包括细菌、放线菌、真菌、原生动物、线虫等，其中细菌和真菌种类最为丰富。这些微生物可以协助植物养分吸收、有机物降解、土壤结构稳定和氮循环等生态系统功能的维持，对草地的健康发展和生态系统的稳定性具有重要意义。

二、南方草山草坡区生态修复

南方草场的水热条件优越，为发展草食动物提供了丰厚的物质条件。然而，大多数草场的地形是山和坡，气候多雨而湿润，容易发生水土流失。因此，在进行人类生产活动时，需要考虑对环境的保护，讲究科学技术。既要遵循客观规律，也要从生产实际出发；既要考虑自然生态平衡，又要考虑国民经济和人们生活的需要。

（一）以牧为主，改进和改良牧草管理方法

南方草山草坡区适宜以牧为主，因此在生态修复中应该重点考虑牧草的生长和改良。首先，可以选用适合当地气候和土壤条件的牧草种类，如高羊茅、黑麦草、兰草等，以增加牧草的生长能力和产量。其次，可以采用科学的施肥技术，合理添加氮、磷、钾等营养元素，提高牧草的品质和口感。最后，还可以通过合理的灌溉、排水和病虫害防治等手段，提高牧草的生产力和抗病能力，为放牧提供更多的优质饲料。

（二）防止水土流失，保持草场生态平衡

南方草山草坡区气候湿润，年降水量较高，容易导致水土流失。因此，在生态修复中，需要采取措施防止水土流失，保持草场生态平衡。一种有效的措施是在每个山头和围栏内栽种适合南方草山草坡区生长的树种，如枫、梓、柳、杉等，形成清新的放牧环境，以达到防止水土流失和保持草场生态平衡的目的。此外，还可以采用梯田、防护林和地膜覆盖等措施，减轻水土流失和土壤侵蚀的程度。

（三）培育适合南方草山草坡区特点的山地奶牛和肉牛

南方草山草坡区的生态修复需要积极培育适合当地特点的山地奶牛和肉牛。这些牛种对草山草坡有着较好的适应性和食性，能够有效利用草场资源，促进草地生态平衡。要采取措施，如合理放牧、轮换放牧等，以防止过度放牧和草场过度损耗。

（四）积极对待，合理改良

南方草山草坡区的生态修复还需要用积极的态度去对待。只有在合理改良的前提下，才能保护草场。如果用消极的态度去对待南方的草山资源，只会导致资源的浪费和环境的破坏。因此，在生态修复中，需要充分认识到草山资源的重要性，采取积极的态度和科学的方法，维护草山生态平衡和可持续发展。

第四节　基于青藏草原区的退化草原生态修复模式

一、青藏草原区特点

（一）地理位置和气候特点

青藏草原区所在的青藏高原位于我国西南部，包括西藏自治区全部和青海省、新疆维吾尔自治区、甘肃省、四川省、云南省的部分地区，总面积约为 250 万 km²，是我国海拔最高、面积最大的高原。青藏高原北起昆仑山，南至喜马拉雅山脉，平均海拔在 4 000 m 以上。青藏高原的地理位置十分重要，它是我国西南地区的水源地和气候中心，具有举足轻重的战略地位。它也是世界自然遗产、人类非物质文化遗产和世界地质公园等众多自然和文化景观的集中地。

青藏高原位于高纬度、高海拔地区，日照时间较长，特别是在高海拔地区，日照时间在 16 h 以上。由于大气层薄，高原地区辐射强度很高，这是高原特有的气候特点之一。青藏高原由于地形复杂，气候带差异大，降水分布不均，呈现干湿季分明的气候特点。其中，东南部降水量较大，西北部较少。青藏高原的降雨量在 2000—2015 年表现为由西北向东南增加的分布差异，高值区位于研究区南部边缘。青藏高原由于海拔高度的影响，年均温普遍较低。青藏高原的年均温在 –18.91℃～25.54℃，分布格局与降雨相似，也是由西北向东南逐渐升高的趋势。

（二）地形地貌

青藏高原被称为世界"第三极"，其地形复杂、地貌类型多样，地势呈西高东低的特点，整体平均海拔较高，平原主要分布在青海省北部、青海省西部，台地和丘陵主要分布在新疆维吾尔自治区南部、西藏自治区北部和青海省内，小、中起伏山地在青藏高原内广泛分布，大、极大起伏山地集中分布在新疆维吾尔自治区西部、西藏自治区东南部、四川省和云南省等高原边缘地区。总体上看，青藏高原边缘地区起伏较大，中间地区起伏较小。青藏高原新构造运动活跃，东南边缘地区地震、地质活动和生态环境变迁频繁，生态系统具有极大的不稳定性。[①]

（三）植被类型

草原和草甸是青藏草原区最广泛的植被类型，占总面积的一半以上，主要分布在西藏自治区中北部、青海省中南部和甘肃省北部地区。草原和草甸植被是由多种草本植物构成的，生长周期长，适应干旱、寒冷、瘠薄等恶劣的环境条件。草原和草甸植被对于青藏高原的生态环境、畜牧业发展等具有重要的作用。

高山植被和灌丛主要分布在西藏自治区东南部、云南省、四川省、青海省北部和新疆维吾尔自治区，约占总面积的20%。高山植被和灌丛植被的特点是耐寒、抗旱、抗风蚀，能够适应高山的恶劣环境。针阔叶混交林是青藏草原区最小的植被类型，面积仅为892 km²，零散分布在四川省和云南省。针阔叶混交林生长在海拔较低、气候温暖、降雨充足的地区，由针叶树和阔叶树混合构成。

（四）土壤类型

青藏草原区的土壤类型主要包括高山土、漠土、初育土、盐渍土、淋溶土、铁铝土、水成土和钙质土等。其中，高山土是青藏草原区最常见的土壤类型，主要分布在高山、山地和丘陵地带，适合植物生长和畜牧业发展。漠土和初育土主要分布在甘肃省北部地区，漠土缺乏水分和有机质，不利于植物生长和农业生产；初育土透气性好，但其肥力相对较低。盐渍土主要分布在甘肃省北部地区，盐分含量过高，对植物生长和农业生产有不利影响。淋溶土主要分布在青藏草原区的东南部边缘，富含钙、镁等元素，有利于植物生长。铁铝土主要分布于青藏草原区的东南部边缘，酸性较强，对植物生长有一定影响。水成土主要分布于青藏草原区中部，肥力较高，有利于农业

---

① 郑度，赵东升. 青藏高原的自然环境特征[J]. 科技导报，2017，35（6）：13-22.

生产。钙质土分布于甘肃省东部，富含钙元素，对植物生长有利。这些土壤类型在青藏草原区的土地利用、农业生产、畜牧业发展等方面都具有重要的作用。

二、青藏草原区的退化草原修复

青藏草原区的退化草原修复措施如图 5-3 所示。

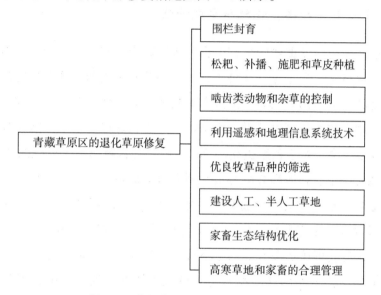

图 5-3　青藏草原区的退化草原修复措施

（一）围栏封育

围栏封育是一种有效的治理青藏草原区退化草甸的方法。这种方法的原理是利用围栏隔离退化草地，让优良的牧草得以生长和繁殖，从而改善草地的植被结构和功能。围栏封育的时间一般为 2 ～ 3 年，其间让植物自然恢复生长和繁殖，以提高草地的覆盖度和产量。

围栏封育的好处是显而易见的。首先，这种方法能够有效地防止过度放牧和草地的破坏，保护植被和土壤的完整性。其次，围栏封育可以提高牧草的生长和繁殖能力，从而提高草地的产量和质量。最后，围栏封育还可以改善草地的植被结构和生态系统功能，加速退化草地的恢复过程。

在青藏草原区，围栏封育已被广泛应用于治理退化草地。根据相关研究数据，青藏草原区超过80%的牧民家庭在政府的补贴下修建了围栏，证明了这种方法的有效性和成功性。此外，围栏封育还是青海省"四配套"计划的一项内容，与人工种草、定居点建设和暖棚建设相结合，共同促进了青藏草原区草原退化的治理。

（二）松耙、补播、施肥和草皮种植

草地恢复是一项重要的生态工程，包括适当管理废弃的草地、引进恢复技术和在可耕作土地上建立物种丰富的草地等多种措施。这些措施都有助于改善草地的植被结构和功能，促进草地的恢复和重建。对于轻度和中度退化的草地，耙土和浅耕可以改进土壤结构，施肥和补播乡土草种能够加速植物演替的恢复速率。对于重度退化的草地，特别是青藏草原区独特的"黑土滩"退化草地，松耙、补播和施肥等被证明是有效的策略。可以利用禾草的优势来恢复退化草地，因为它们通常是当地早期的"天然殖民者"。禾草和莎草的种植可以改善生态环境，增加太阳能利用，增加植物群落物种的丰富度、覆盖度、优良牧草比例和有效的土壤营养物含量，并且加速物质的循环。

移植草皮技术的原理是将原生草皮从健康的草地上移植到退化的草地上，通过种植优良的牧草和天然草本植物来促进草地的恢复和重建。在青藏草原区，草皮种植也是一种常见的恢复草地的技术，可以促进草地的植被恢复和土壤改良。

（三）啮齿类动物和杂草的控制

啮齿类动物的破坏是高寒草地退化的一个重要影响因素，[①]特别是对于青藏草原区的退化草原。因此，对啮齿类动物的控制是防止草地退化的必要手段。例如，高原鼠兔在高寒草地生态系统功能中扮演着关键角色，其挖洞活动使土壤得到再利用，为各种鸟类和蜥蜴提供了住所，并且是高原上大多食

---

① 周华坤，周立，赵新全，等. 江河源区"黑土滩"型退化草场的形成过程与综合治理 [J]. 生态学杂志，2003，22（5）：51-55.

肉动物和猛禽的主要猎物。但对青海省果洛藏族自治州中度退化草地的研究表明，高原鼠兔消耗了比家畜更多的草地饲草，草地植物由于啮齿类动物的破坏而不易恢复。因此，在青藏草原区，必须采取有效措施控制啮齿类动物的数量，以恢复退化的草地。

为了控制啮齿类动物的数量，常使用人工毒杀和使用不育剂等方法。例如，用燕麦种子拌种的一种抗凝剂药物对它们具有很高的控制率。C 型或 D 型肉毒素也在目前的三江源治理工程中被广泛推荐和使用，并且对其他哺乳动物无害。另外，为了决定最佳时间和方法控制啮齿类的密度，监测啮齿类种群的动向是十分重要的。控制高原鼠兔造成破坏最有效的方法就是改善草地条件，通过对栖息地特征改变，用生态控制法来降低高原鼠兔的种群密度。

杂草在中度退化和重度退化草地中的比例非常高，这消耗了许多资源，而草地的经济利用价值不高。因此，通过控制杂草来改善和恢复退化草地很有必要，丁酯、草甘膦、使它隆及甲磺隆和苯磺隆混合除草剂控制毒杂草非常有效。杂草控制使牧草产量、覆盖度、优良牧草比例迅速增加，从而提高草地的经济利用价值。

（四）利用遥感和地理信息系统技术

利用遥感和地理信息系统（GIS）技术是治理青藏草原区草原退化的重要方法之一。通过遥感技术可以获取大范围的草地覆盖信息和草地退化程度信息，从而可以快速掌握草地资源的变化情况。结合地理信息系统技术，可以对草地资源进行动态监测和评估，预测未来的草地变化趋势，并制定相应的草地管理策略。

可以利用遥感技术获取草地覆盖信息，将其与历史数据进行比较分析，以追踪草地的退化程度和变化趋势。结合 GIS 技术，可以将草地退化程度和空间分布情况进行分析和展示，进而制订相应的草地恢复计划。例如，可以针对退化程度较轻的草地区域进行有针对性的草地管理和恢复，同时对退化程度较重的草地区域采取更加强有力的措施进行治理。遥感和 GIS 技术还可以用于草地资源的监测和评估，包括对草地产量、理论载畜量等指标的测量和预测，以及对草地的空间分布和变化趋势的分析。通过这些数据，可以制订科学合理的草地管理和恢复计划，以提高草地的生产力和生态价值。

（五）优良牧草品种的筛选

优良牧草品种的筛选是草原恢复中的一个重要环节。一些产量高、适应力强、本地种的一年生和多年生牧草，如燕麦、披碱草、羊茅、早熟禾等，已被筛选作为补播的主要牧草品种，这些牧草在恢复过程中经常扮演先锋种的角色。除此之外，一些易于形成草皮层且具地下茎的矮禾草，如黑麦草和匍匐冰草等，也被认为是优良牧草品种，需要进一步加强筛选。

筛选优良牧草品种的目的是选择具有适应当地气候条件、能够提高牧草产量、优化植物群落结构、抑制杂草生长、提高土壤肥力等特点的牧草品种。牧草品种的筛选需要根据当地的气候条件、土壤类型、地形地貌、植被类型、动物需求等方面的情况进行评估和筛选，还需要考虑牧草品种的适应性、生长速度、生长周期、营养价值、抗病虫害能力等因素。筛选出优良的牧草品种后，还需要进行实地试种和示范推广，观察其在当地生长的适应性和产量表现，以便推广更多的优良牧草品种。

（六）建设人工、半人工草地

建设人工、半人工草地是一项重要措施，可以减轻放牧压力，缓解草地在时空利用上的不平衡矛盾。在选择建设人工、半人工草地的区域时，应该选择"黑土滩"等退化草地，这些区域植被覆盖度较低，适合使用农业机械耕作。建设人工草地的耕作技术是"深翻耕＋播种＋施肥＋鼠虫害和毒杂草控制"，半人工改良草地的耕作技术是"松耙＋补播＋施肥＋鼠虫害和毒杂草控制"。建设人工、半人工草地可以获得较高的牧草产量和覆盖度，可以激发当地牧民的积极性。但是，应该考虑当地的自然环境条件和经济社会的发展水平，避免建设过多的人工草地对生态系统和经济发展造成不利影响。

（七）家畜生态结构优化

家畜生态结构的最佳化是指在草地放牧中，通过调整不同种类和不同年龄组的家畜数量和比例，以达到草地利用效益最大化的一种方法。实现家畜生态结构的最佳化是减轻放牧压力、保护草地、促进草地恢复和提高放牧效益的重要措施。

研究表明，家畜的生产能力随着性别和年龄组的不同而各不相同，因此，需要确定一种最佳的家畜生态结构，以达到草地利用效益最大化。最佳的家畜生态结构应包括30%的牦牛和70%的绵羊与山羊，母畜比例应占48%～50%。应在入冬前将大约30%的家畜出栏，以保证拥有一个3～4年的合理周转期。

在实践中，青藏高原的一些地区已经开始了家畜生态结构优化的尝试。例如，在中国科学院海北高寒草甸生态系统定位研究站，通过对门源马场和一些个体牧民进行家畜生态结构的优化和引导，取得了良好的效果。这些措施不仅提高了草地利用效益，还成功保护了草地资源，增加了当地居民的收入。

（八）高寒草地和家畜的合理管理

对于高寒草地，需要在保护和利用中寻求平衡，避免过度放牧导致的草原退化。管理草地需要定额放牧，通过控制草地的牧草使用量，保护草地生态系统。定额放牧需要考虑草地的生产力、草地的恢复能力以及家畜的种类和数量等因素。与此同时，实施轮牧制度可以防止草地过度使用，使得草地有足够的恢复时间。通过在不同的放牧区间内轮换，草地可以得到必要的休养。

对于家畜管理，调整家畜种群结构是重要的一环，要选择对草地压力较小，适应高寒环境的家畜品种，降低对草地的利用压力。同时，保持草畜平衡，科学计算草地的可持续产草量和家畜的需求量，避免过度放牧。通过科学饲养提供优质的饲料，提高家畜的消化率和利用率，降低对草地的依赖度。只有在多方面同时努力，才能有效推动退化草原的修复，保护青藏草原区的草地生态系统。

第五节 基于新疆草原区的退化草原生态修复模式

一、新疆草原区特点

（一）地理位置和气候特点

新疆草原区位于我国西北部，气候复杂多样，以干旱、寒冷为主要特征。该区位于中纬度干旱带，东部为温带大陆性干旱气候，西部为极端干旱气候。全年降水较少，且分布不均，大部分集中在夏季。由于地势高差较大，温度差异较大，年均气温为 -15℃～ 10℃。草原区日照时间长，太阳辐射强，蒸发量大，风大，沙尘暴频发。

（二）植被类型

新疆草原区拥有丰富的植被资源，这些资源在维护生态平衡和提供优良牧草方面发挥着重要作用。其中，小丛禾草类型主要分布在新疆维吾尔自治区的中低山区，这类植被以小丛禾草为主体，同时伴生有其他耐干旱、耐盐碱的植物，能够在恶劣的生长环境中生存。

紫花针茅与丛生禾草组成的草地类型主要分布于新疆维吾尔自治区的干旱草原和半干旱草原地带。紫花针茅具有较强的抗干旱能力，而丛生禾草则在湿润环境中生长较好。这种草地类型以紫花针茅为优势，以丛生禾草为次优势，构成了具有较高生物生产力的草地类型。

由座花针茅和疏花针茅单优种组成的草地类型主要分布于新疆维吾尔自治区的半干旱草原区。这类草地类型以座花针茅和疏花针茅为主要植被，具有较高的抗旱、耐盐碱能力，为草原牧业提供了优质的饲草资源。

穗状寒生羊茅与丛生禾草组成的草地类型主要分布在新疆维吾尔自治区的高寒草原地带。这类草地类型以穗状寒生羊茅为优势种，以丛生禾草为次优势种，能够在寒冷的高山环境中茁壮成长。穗状寒生羊茅具有较高的抗寒能力，丛生禾草则在湿润环境中生长较好。

寒生羊茅主要分布于新疆维吾尔自治区的高寒草原地带，生长在海拔较高的山区。这种植物具有较强的抗寒能力，生长速度较快，是高寒草原地区的优良饲草资源。

紫花针茅是一种耐旱的禾本科植物，分布于新疆维吾尔自治区的干旱草原和半干旱草原地带。这种植物具有较强的抗干旱能力，生长适应性广泛，是新疆草原地区的重要饲草植物之一。

新疆银穗草是一种多年生禾本科植物，主要分布在新疆维吾尔自治区的干旱草原和半干旱草原地区。这种植物具有较强的抗旱能力和耐盐碱能力，能够在恶劣的环境条件下生长，同时为草原牧业提供了优质饲草资源。新疆银穗草生长迅速，生物量较大，对于提高新疆草原地区的生物生产力和生态环境质量具有重要意义。

小莎草是一种多年生莎草科植物，主要分布在新疆维吾尔自治区的湿润草原地带。这种植物适合生长在湿润的环境中，具有较强的耐湿能力。小莎草在新疆草原区的湿地生态系统中起到了重要的作用，有助于维持湿地生态系统的稳定性和生物多样性。

（三）土壤类型

新疆草原区的土壤类型也呈现出丰富的多样性。在这片广阔的土地上，土壤类型包括草原土、棕色草原土、黑土、灰钙土、沙质土、盐碱土等。

草原土是新疆草原区最为典型的土壤类型之一，主要分布在半干旱草原和湿润草原地带。这种土壤通常具有较高的有机质含量和良好的土壤结构，适宜多种草本植物的生长。草原土对于维护草原生态系统的稳定性和提供优质牧草资源具有重要意义。

棕色草原土主要分布在新疆维吾尔自治区的干旱草原地带，这类土壤的有机质含量相对较低，土壤结构较为疏松。尽管如此，棕色草原土仍能支持一定数量的植被生长，对于维护草原生态系统的稳定性具有一定作用。

黑土主要分布在新疆维吾尔自治区的高寒草原地带，这种土壤具有较高的有机质含量和较好的水分保持能力。黑土适宜于高寒植物的生长，对于维护高寒草原生态系统的稳定性和生物多样性具有重要作用。

灰钙土主要分布在新疆维吾尔自治区的半干旱草原和干旱草原地带，这类土壤的钙含量较高，但有机质含量较低。尽管灰钙土的肥力较差，但仍能支持一些耐旱、耐盐碱的植物生长，如某些禾本科植物和莎草科植物。

沙质土主要分布在新疆维吾尔自治区的沙漠化地区，这类土壤的肥力较差，土壤结构疏松，容易受风力侵蚀。然而，在适当的生态恢复措施下，沙质土仍能支持部分植被生长，有助于改善沙漠化环境。

盐碱土主要分布在新疆维吾尔自治区的盐碱化地区，这类土壤的盐分含量较高，土壤肥力较差，对植被生长具有一定的限制作用。然而，一些耐盐植物，如碱蓬草、柽柳等，能够在盐碱土中生长，为草原牧业提供了一定的饲草资源。通过合理的盐碱土改良措施，可以降低盐分含量、提高土壤肥力，从而改善草原生态环境。

二、新疆草原区草原退化修复

新疆草原区草原退化修复措施如图 5-4 所示。

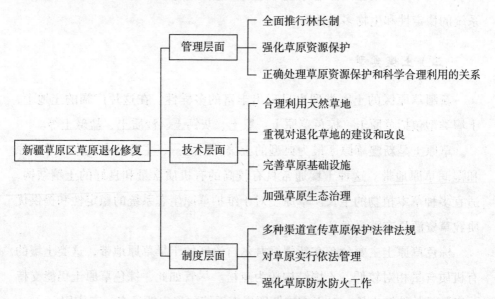

图 5-4　新疆草原区草原退化修复措施

（一）管理层面

新疆草原区草原退化修复的管理层面需要采取一系列措施，以实现草原资源的可持续利用和生态环境保护。首先，全面推行林长制，压实地方党委政府在林草资源保护方面的主体责任，确保地方政府切实履行草原资源保护的属地责任。这一制度将有助于提高草原资源保护的效果，维护新疆草原区的生态安全。其次，突出草的地位和作用，分级设立林（草）长，以强化草原资源保护。分级设立林（草）长将有助于实现草原资源保护工作的分工明确，提高草原资源保护的效率和效果。最后，正确处理草原资源保护和科学合理利用的关系。在保护草原资源时充分考虑草原的经济、社会和生态价值，以实现草原资源的可持续利用。为此，需要制定一系列政策措施，以指导草原资源的合理开发和利用，避免草原生态环境的过度开发和破坏。

当前，需要加强草原管理政策和技术研究，提高草原管理工作的科学性和针对性。加强草原管理工作的制度建设和技术创新，可以有效守住草原生态安全的边界，为新疆草原区的可持续发展创造良好的生态环境。

（二）技术层面

1. 合理利用天然草地

严格落实各项放牧制度，明确限定牲畜在什么时间进入和退出各草场，坚决制止牲畜提前进入季节草场或逾期滞留季节草场的行为。在明确规定季节牧场的始牧期、终牧期的前提下，注重改良牲畜品种，通过提高牧草供给水平来提升牲畜的商品率和出栏率。

对于冬季条件差的草场或秋季、春季超载的草场，可以学习借鉴昭苏种马场的做法，在对草场生产力进行监测的基础上，尝试更换草地，也就是对春秋草场、冬草场进行更换。这些措施可以帮助提高草场的利用率和自然恢复能力。

坚决实行以草定畜，根据草原的承载水平对牲畜数量进行科学划定，使牲畜数量和草场的生产力基本处在相对平衡稳定的状态，以保持草场的利用率和自然恢复能力。草原具有自动更新的能力，在科学利用、正常演替的情况下能永续利用，但若超强度利用或人为进行破坏则会导致草场出现退化现象，甚至会遭到不可挽回的生态破坏，永久失去放牧利用价值。因此，要高度重视对草场的监督管理工作，建立健全以草原生态状况、草原生态灾害、草原生产能力等为核心的草原监测预警体系。[①]

2. 重视对退化草地的建设和改良

草地退化是草原生态系统恶化的一种表现，会导致草原生产力下降、草原生态环境恶化等问题，严重威胁草原区的可持续发展。因此，需要采取措施对退化草地进行建设和改良。

首先，可以实行标本兼治的改良方式，采取松耙、补播、封育、化学除莠、灌溉等多种措施，恢复草地的生产能力。[②] 这些措施可以帮助改善草原土壤结构、提高草地的养分供给、减少蒸发等，有利于草地恢复和改良。对于严重退化、无法恢复或需较长时间恢复的草地，还可以有计划地进行翻耕，建立人工饲草料地，实行养、种结合，扩大饲草料种植面积，增强载畜能力。

其次，可以实行草场分户承包责任制，明确划定草地边界，分草地到户，合理确定载畜量，坚决禁止超载过牧。[③] 这可以促进草场资源的合理利用和草原生态的恢复，减少过度放牧带来的草原退化风险，保护草原的生态系统平衡。

最后，可以倡导发展季节畜牧业，有效缓解冷季出现的草畜矛盾，引导牧民适量销售牲畜，增加收入，加快周转，实现致富。[④] 这可以有效地调整草原畜牧业结构，减少牲畜数量，从而减轻对草原资源的压力，促进草原生态环境的恢复和改善。

3. 完善草原基础设施

草原区的基础设施建设主要包括草原围栏、水利工程、牲畜越冬基地、暖

---

① 阿娜尔古丽·马乃. 游牧民族定居与新疆草原畜牧业现代化研究 [J]. 新农民，2019（22）：22-23.

② 顾兵. 新疆草原退化现状、原因及防治措施 [J]. 中文科技期刊数据库（全文版）农业科学，2020（7）：154-155.

③ 辛定. 草原退化原因分析和草原保护长效机制的建立 [J]. 农业开发与装备，2020（2）：161.

④ 乌鲁木山·布仁巴依尔. 退牧还草工程对新疆草原植被恢复的影响 [J]. 新疆畜牧业，2020，35（6）：27-29.

棚、牧民定居点等。在具备灌溉条件、水热条件良好的地段，可以适时地建设牲畜越冬基地、暖棚、牧民定居点等基础设施，并结合农艺、生物、工程等技术，强化对草料棚、青贮窖、定居点棚圈等设施的利用，改善饲草料加工基地条件，推行牲畜机械化转场，逐步实现牲畜标准化养殖，提高牧民的收入。

草原围栏和水利工程的建设可以帮助规范草原畜牧业生产秩序，提高草原资源的利用效率。围栏可以有效地防止牲畜的无序放牧和过度放牧，避免对草原环境的破坏。水利工程的建设可以提高草原区水资源的利用效率，增加草原区的灌溉面积，有利于草地的生长和畜牧业的发展。

牲畜越冬基地、暖棚、牧民定居点等基础设施的建设可以改善草原区牧民生产生活条件，提高畜牧业的生产效率。越冬基地和暖棚可以提供冬季畜牧生产的保障，保证牲畜在严寒天气下的生存和健康。牧民定居点的建设可以改善牧民的生活条件，提高其生产积极性和生活品质。

草料棚、青贮窖、定居点棚圈等设施的利用可以提高饲草料加工的效率，改善牲畜的饲养条件，促进畜牧业的发展。牲畜机械化转场可以提高畜牧生产的效率，减轻牧民的体力劳动，同时可以逐步实现牲畜标准化养殖，提高畜牧业的生产效益。

4.加强草原生态治理

要统筹实现山水林田湖草系统治理，加紧区域内生态环境的保护和建设。利用再生水资源和季节性生态水资源，营造以生态防护林和果林为主，以用材林、种籽棉为辅的荒漠化治理工程。例如，在塔克拉玛干沙漠北缘，可以通过人工灌溉措施，营造以生态防护林为主的荒漠化治理工程，实现生态与产业协调发展，促进区域生态保护、经济发展和社会进步。

加强草原环境监测和预警，及时掌握草原生态环境的变化情况，发现问题及时处理。建立草原保护和治理的长效机制，落实草原执法和监管，对违法违规行为进行处罚和惩戒，防止草原资源过度开发、过度利用和污染。

加强科学研究，探索适应新疆草原区草原生态环境特点的治理技术和方法，提高草原生态环境的保护水平和治理效果。加强草原生态文明建设，提高公众的环保意识，促进社会共治、群防群治，共同建设美丽新疆维吾尔自治区。

（三）制度层面

1.多种渠道宣传草原保护法律法规

通过多种渠道宣传草原保护法律法规，增强当地群众尤其是牧民的防火意识、法治意识，规范生活、生产用火，坚决避免火灾隐患。可以通过电视、广播、报纸、村宣传栏等多种渠道发布草原火灾预警信息和防火知识，增强公众的防火意识。

2.对草原实行依法管理

要真正做到有法可依、执法必严，运用法律手段管理草原。对于擅自破坏、开垦草原的行为，应严格追究有关当事人的法律责任，给予严厉处罚，并责令其限期退耕还牧，种树种草，恢复植被，从源头上预防草原火灾的发生。

3.强化草原灭火防火工作

要坚持"以防为主，防消结合"的原则，加大资金投入，构建草原防火体系，加强草原火情监测和信息传递工作。要严格落实县、乡、村、个人四级防火责任制度，划片承包，责任到人，增强人们的防火意识和责任心。加强值班巡逻制度，及时发现和消除火灾隐患，配备足够数量和合格的消防设备和器材，并进行定期维护和更新，以确保草原防火设施的完好性和可靠性。

第六章　不同类型草地的培育改良技术

随着人类对草地生态系统价值的逐渐认识，草地的培育与改良技术在维护生态环境、保护生物多样性、提高经济价值等方面具有重要意义。

第一节 盐碱草地的培育改良技术

盐碱草地的培育改良技术如图 6-1 所示。

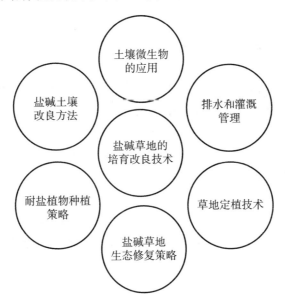

图 6-1 盐碱草地的培育改良技术

一、盐碱土壤改良方法

盐碱土是指含有过量的盐分和碱性物质的土壤，通常不适合作物生长。改良盐碱土的目的是通过改善土壤的物理、化学和生物性质，提高土壤的肥力和透水性，降低土壤的盐分含量和碱性，使其成为适合作物生长的土壤。

（一）水利改良

盐碱土的根本原因是水分状况不良，因此改良盐碱土的首要任务是改善土壤的水分状况。建立完善的排灌系统，做到灌、排分开，加强用水管理，严格控制地下水水位，通过灌水冲洗、引洪放淤等，不断淋洗和排除土壤中的盐分。

（二）农业技术改良

农业技术改良包括深耕、平整土地、加填客土、盖草、翻淤、盖沙、增施有机肥等。这些措施能够改善土壤成分和结构，增强土壤渗透性能，加速盐分淋洗。

（三）生物改良

种植和翻压绿肥牧草、秸秆还田、施用菌肥、种植耐盐植物、植树造林等，能够提高土壤肥力，改良土壤结构，并改善农田小气候，减少地表水分蒸发，抑制返盐。

（四）化学改良

对碱土、碱化土、苏打盐土施加石膏、黑矾等改良剂，降低或消除土壤碱分，改良土壤理化性质。这些措施可以有效地降低土壤盐分含量，提高土壤的肥力和透水性。

（五）新型改良剂

新型改良剂，如水解聚马来酸酐（HPMA），能够改良盐碱土物理性质，促进植物生长。这些新型改良剂的使用能够取得预期效果。

二、耐盐植物种植策略

盐碱土改良的一个重要措施就是种植耐盐植物，这些植物具有较强的适应盐碱土的能力，能够生长和繁殖，起到了改善盐碱土的作用。

（一）轮作种植

耐盐植物虽然能够适应盐碱土的环境，但它们对盐分的耐受能力也是有限的，长期在高盐环境下种植会抑制植株的生长。因此，可以采用轮作种植的方法，将耐盐植物和非耐盐植物交替种植，以达到减轻土壤盐分对植物的影响，同时提高土壤肥力和保持土壤水分的效果。

（二）种植耐盐性不同的植物

不同的耐盐植物对盐分的耐受能力不同，有些植物能够适应高盐环境，而有些植物则更适合生长在低盐环境。因此，在盐碱土的改良过程中，可以根据盐碱土的盐分程度选择不同耐盐性的植物种植。例如，低盐碱土适合种植耐盐性较低的植物，而高盐碱土则适合种植耐盐性较高的植物。

（三）合理配置植物种类和数量

耐盐植物虽然能够适应盐碱土的环境，但在种植耐盐植物的过程中，也要考虑植物的适应能力和生态功能。合理配置植物种类和数量，可以有效地提高盐碱土的肥力和保持土壤水分，同时也能够保持生态平衡，提高土地的生产力和利用效益。

（四）加强管理和维护

耐盐植物的种植和管理需要长期的耐心和细心，要及时修剪和除草，保持植物的健康和生长；合理施肥，加强灌溉和排水，维持土壤水分的平衡，防止土壤中的盐分返升。

三、土壤微生物的应用

盐碱土壤中的盐分会对植物生长造成很大压力，而某些具有耐盐性的微生物可以在这种环境中生存并繁殖。这些耐盐微生物与植物形成共生关系，有助于改善植物的耐盐性。将这些有益的微生物接种到盐碱草地中，可以提高植物对盐分的耐受力，从而促进植物生长。

在盐碱草地中，土壤微生物分解植物残体、动物粪便等有机质，产生有机酸，有机酸可以与土壤中的盐分发生反应，生成可溶性盐类。这些可溶性盐类能够被植物吸收，降低土壤中的盐分含量。此外，微生物分解有机质还能够释放出氮、磷、钾等植物必需的养分，为植物生长提供营养支持。有些微生物可以释放植物生长素等激素，促进植物根系的生长和发育。植物根系的发育对于植物在盐碱土壤中生长至关重要，因为根系越发达，植物对水分和养分的吸收能力就越强。有些微生物还可以通过固氮作用，将大气中的氮气转化为植物可利用的氮源，提高植物对氮素的利用率。

土壤微生物还可以抑制病害发生。盐碱草地中的植物往往容易受到病害的侵害，而有些土壤微生物能够产生抗菌物质，抑制病原微生物的生长，从而保护植物免受病害的侵害。在盐碱草地中，这种生物防治法相较于化学防治更为环保、可持续。另外，某些微生物还可以增强植物的抗病能力，使植物更好地抵抗病害，提高盐碱草地的稳定性和生产力。

四、排水和灌溉管理

合理的排水和灌溉管理可以有效改善盐碱土壤的水分状况和盐分分布，从而为植物提供良好的生长环境。

在盐碱土壤中，由于土壤孔隙率低、透水性差，容易导致地表水和地下水的过量蓄积。过量的水分会加重土壤盐分的累积，影响植物生长。因此，建立合理的排水系统对于改善盐碱草地的土壤条件至关重要。排水系统可以通过开挖排水沟、设置排水管道等方式实现，以降低地表水和地下水位，减轻盐分累积的压力，为植物生长创造良好条件。

灌溉管理是盐碱草地改良的关键措施。灌溉不仅可以为植物提供生长所需的水分，还可以帮助冲洗和稀释土壤中的盐分。合理的灌溉管理可以在保证植物正常生长的同时降低土壤盐分含量。为了实现高效灌溉，应根据植物的生长需求、土壤盐分状况和气候条件制订灌溉计划。灌溉方式的选择也十分重要，适当采用滴灌、喷灌等高效灌溉技术，以降低水分蒸发损失，减少盐分上升的可能性。

在实施排水和灌溉管理时，应注意以下几点：一是遵循"先排后灌"的原则，即在灌溉前先进行排水，以降低土壤中的盐分含量，为植物生长创造有利条件；二是合理控制灌溉量和频次，过多或过频的灌溉可能导致盐分在土壤表层的积累,不利于植物生长;三是在灌溉过程中,注意灌溉水源的质量,避免使用含盐量过高的水源,以免加重土壤盐分负担。

五、草地定植技术

在盐碱草地的培育改良技术中,草地定植技术是一种在高盐碱土壤条件下恢复和改善草地生态环境的技术。这一技术在很大程度上有助于提高草地的生产力、保持生态平衡以及减轻土壤盐碱化。草地定植技术包括以下几个方面的综合措施。

(一)选择适应盐碱环境的植物品种

对于盐碱草地的改良,应选用耐盐碱、生长迅速、根系发达、具有一定经济价值的植物品种。这些植物可以有效地抵御高盐碱条件,促进土壤结构的改善,从而提高草地的生产力。

(二)实施科学的播种方式

根据草地的土壤条件、地形地貌、气候特点等因素,合理安排播种时间和方式。常用的播种方式有撒播、穴播、行播等。应该根据土壤盐分含量,调整播种密度和种子处理方法,以保证草地的成活率和生长速度。

(三)对草地进行适当的水土保持措施

在盐碱草地定植过程中,应加强水土保持工程的建设,通过梯田、沟渠、坡面防护等措施,降低径流速度,提高土壤的入渗能力。这有助于减少水土流失,提高土壤中水分和养分的利用率,从而提高草地的生产力。

(四)合理施肥和灌溉管理

根据盐碱草地的土壤特性,合理选择肥料种类和施肥量,以满足植物生长所需的养分。合理安排灌溉频率和量,避免土壤过度盐碱化。可通过滴灌、喷灌等节水灌溉方式,提高水分利用率,减轻土壤盐碱化程度。

（五）进行草地的合理利用与管理

在草地定植初期，应适当减轻草地的草食压力，确保草地的生长发育。随着草地的逐渐成熟，可合理安排草地的利用方式，如刈草、放牧、种植经济作物等，以实现草地的可持续利用。要加强草地的管理，定期进行草地的监测与评估，观察草地生长状况、土壤盐碱度等指标的变化，以便及时采取措施进行调整。

选择适应盐碱环境的植物品种、实施科学的播种方式、采取适当的水土保持措施、合理施肥和灌溉管理，以及进行草地的合理利用与管理，有助于改善盐碱草地的生态环境，提高草地的生产力，促进草地生态系统的恢复和发展。长期坚持实施盐碱草地定植技术，将有助于降低盐碱地区的土地退化风险，减少草地生态系统对气候变化的敏感性，为当地居民提供稳定的生态服务和经济效益。这一技术还有助于提高草地生态系统的抗逆能力，增加生物多样性，为保护全球生态环境和维护地球生命支持系统做出积极贡献。

六、盐碱草地生态修复策略

选择适宜的植物种群是实现盐碱草地生态修复的关键。对于盐碱草地来说，选择具有盐碱耐受性的植物种群尤为重要。这些植物在高盐环境下具有较强的生长能力和适应性，可以快速形成植被覆盖，从而促进土壤结构的改善和盐分的稀释。此外，还应考虑引入多种植物，以提高生态系统的稳定性和生物多样性。在选择植物种群时，可以考虑耐盐植物、固氮植物、深根植物等，以实现各种生态功能的互补。

实施生态工程措施是一种促进盐碱草地生态修复的有效手段。这些措施包括植被恢复、土壤改良、水源管理等。在植被恢复方面，可以通过种植、播种等手段进行人工植被建设，也可以通过封禁、退耕还草等措施实现自然植被的恢复；在土壤改良方面，可以通过施加有机肥、土壤调理剂等手段改善土壤结构，降低盐分含量；在水源管理方面，可以通过合理的排水和灌溉措施调控土壤水分和盐分状况，为植物生长创造有利条件。

保护和恢复盐碱草地的生物多样性是生态修复策略的重要组成部分。在盐碱草地生态修复过程中，应关注各种生物群落的保护和恢复，包括植物、动物和微生物等。这些生物群落在生态系统中起到不同的作用，相互依赖、共同维持生态系统的稳定性。加强生物多样性的保护和恢复，可以提高盐碱草地生态系统的抗干扰能力，增强生态系统的恢复力和自我调节能力。具体措施：保护珍稀濒危物种及其栖息地，减少人为干扰，增加生物栖息地的连通性，促进种群交流和基因流动；通过设置生态廊道、生态防护林带等，实现不同生境和生态系统的连接，提高生态系统的整体稳定性。

对盐碱草地生态系统定期进行监测和评估，可以及时了解生态修复工程的效果，发现存在的问题，为进一步完善生态修复策略提供依据。监测和评估土壤盐分、植被覆盖度、生物多样性、水文条件等方面的指标，可以通过遥感、地理信息系统等现代技术手段辅助实施。

第二节 黄土丘陵草地的培育改良技术

黄土丘陵草地是我国北方重要的草地生态类型，具有较高的生态和经济价值。然而，由于黄土丘陵区地形复杂、土壤侵蚀严重，草地生态系统的稳定性和生产力受到严重影响。因此，开展黄土丘陵草地的培育改良至关重要，其具体做法如图 6-2 所示。

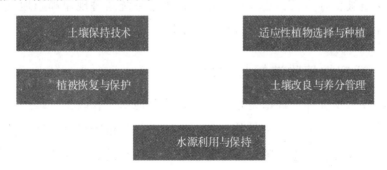

图 6-2 黄土丘陵草地的培育改良技术

一、土壤保持技术

植被具有保护土壤、防止水土流失的作用。通过人工种植、封禁恢复等方式，加强植被建设，提高草地覆盖度，有利于降低侵蚀力度，减少水土流失。植被恢复时应选用当地适宜的、生长迅速的、具有较强侵蚀防护功能的草本和乔木植物。根据地形特点和植被分布，制订合理的植被恢复方案，确保生态系统的稳定性和生物多样性。

通过施加有机肥、生物肥等土壤调理剂，提高土壤肥力，改善土壤结构，降低侵蚀风险。此外，还可以通过引入深根植物，增强土壤固结作用，提高抗侵蚀能力。在黄土丘陵区，土壤改良应综合考虑地形、土壤类型、植被分布等因素，制订合理的施肥和种植方案，以增强土壤保持效果。

水土保持工程是黄土丘陵区土壤保持技术的重要措施。水土保持工程包括筑坝、建设梯田、开展治沟截沟工程等，通过改变水流方向、减缓水流速度、增加水分入渗，降低水土流失。在黄土丘陵区，水土保持工程应结合地形、土壤类型、降水等因素，制订合理的工程方案。例如，在峡谷地带可以建设水库、拦沙坝等，以减缓水流速度，提高水分入渗率；在缓坡地带可以建设梯田、沟渠等，以减少水土流失。水土保持工程的实施需要注重生态环境保护，避免对生态系统造成不良影响。

科学管理是土壤保持技术的保证，可以增强土壤保持效果，延长治理效果。科学管理包括监测、维护和更新等环节。监测应定期检测土壤侵蚀和植被覆盖度等指标，评估土壤保持效果；维护应及时进行草坪修剪、松土等工作，确保植被良好生长；更新应根据草地生态系统演替规律和当地气候、土壤等条件，适时更新和调整植被结构，提高生态系统的稳定性。

二、适应性植物选择与种植

适应性植物选择与种植是指在黄土丘陵草地恢复和改良过程中，选择对当地生态环境具有适应性的植物品种。适应性强的植物具有更好的抵抗力和恢复能力，能够在黄土丘陵地区生长良好，从而有助于实现草地的可持续利用和生态保护目标。

在选择适应性植物时，需要充分考虑以下几个方面。

第一，选择耐旱、抗风、抗病虫害能力强的植物品种。黄土丘陵地区的气候条件复杂，旱、风、病虫害等自然灾害频繁发生。选择具有较强抗逆能力的植物品种，有利于提高草地的稳定性和生产力。

第二，注重植物根系的发达程度。黄土丘陵地区土壤较松散，容易发生水土流失。选择根系发达的植物品种，有助于改善土壤结构，减少水土流失，从而保护草地生态环境。

第三，选用生长速度较快的植物品种。快速生长的植物可迅速覆盖地表，减轻水土流失，提高草地的生产力。此外，快速生长的植物还能吸收更多的二氧化碳，有助于减缓气候变化。

在种植适应性植物时，需要考虑以下几个方面。

第一，科学地安排播种时间和方式。结合黄土丘陵地区的气候特点，合理确定播种时间，确保植物在适宜的季节内生长。采用适当的播种方式，如撒播、穴播、行播等，以保证草地的成活率和生长速度。

第二，合理安排种植密度。根据植物的生长习性和土壤条件，合理确定种植密度，以便在保证草地生产力的同时避免植物间的过度竞争，造成不良影响。一般来说，种植密度的确定需要考虑草地类型、土壤水分和养分状况、草地生长周期等多种因素。

第三，采用适当的肥料和施肥方法。黄土丘陵地区的土壤肥力较低，需要加强施肥管理。在选择肥料种类和施肥量时，应充分考虑植物对养分的需求和土壤肥力状况。要注意施肥时间和方法，合理安排施肥量，以保证草地生长的需要。

第四，加强水土保持措施。黄土丘陵地区的水土流失较为严重，需要加强水土保持工程的建设。通过梯田、沟渠、坡面防护等措施，降低径流速度，提高土壤的入渗能力，有助于减少水土流失，保护草地生态环境。

第五，科学管理草地。在草地生长成熟后，需要合理管理草地，包括刈割、放牧、灌溉、施肥等方面。草地管理需要充分考虑植物生长特点、土壤养分和水分状况等因素，以保证草地的健康生长和可持续利用。

三、植被恢复与保护

对于黄土丘陵草地而言，选择具有较强适应性和草原生态功能的植物种群尤为重要。这些植物在恶劣环境下具有较强的生长能力和适应性，可以快速形成植被，从而促进土壤结构的改善和水土保持。此外，还应考虑引入多种植物，以提高生态系统的稳定性和生物多样性。在选择植物种群时，可以考虑草本植物、灌木、乔木等不同类群，以实现各种生态功能的互补。

实施植被恢复与保护工程是一种促进黄土丘陵草地植被恢复的有效手段。这些工程包括人工植被建设、封禁恢复、退耕还林还草等措施。人工植被建设是指通过种植、播种等手段进行人工植被建设。封禁恢复是指通过设立生态屏障、实施封禁等手段恢复自然植被。退耕还林还草是指在农业生产中适度退耕还林还草，增加植被覆盖度，提高生态系统稳定性。在植被恢复与保护工程中，应结合当地的生态环境和土地利用现状，制订科学合理的工程方案，确保工程效果的最大化。

加强草地生态系统的保护和管理是植被恢复与保护的重要组成部分。草地生态系统包括植物、动物、微生物等各种生物和生态环境要素，其生态系统稳定性和生产力的维护和促进，需要加强对草地生态系统的保护和管理。具体措施包括合理控制放牧、加强对草地草种的保护和管理、防止过度开垦和破坏生态环境等。通过合理控制放牧，可以减少草地的过度损耗，提高草地的生产力和生态系统稳定性。加强对草地草种的保护和管理，可以促进草地的自然恢复和植被建设。防止过度开垦和破坏生态环境，可以保护草地生态系统，维护生态环境稳定性和生产力。

四、土壤改良与养分管理

由于长期的自然和人为因素的影响，黄土丘陵草地的土地肥力下降，土层厚度减少，土壤贫瘠，对于草地的生长发育和生态系统的稳定性产生了不利影响。采取一系列科学的土壤改良和养分管理措施，可以提高黄土丘陵草地的生产力和生态系统稳定性。

（一）土壤改良

改善土壤结构、增加土壤养分和提高土壤肥力，可以提高黄土丘陵草地土地的生产力和生态系统稳定性。施肥是一种提高土地肥力的有效方法。在黄土丘陵草地，适时施肥可以提高土壤肥力和植物的养分摄取。施肥方法一般采用化肥或有机肥料，肥料的种类和施用量应根据当地土地和气候条件以及农作物的生长需求进行调整。

石灰或石膏改良是调节黄土丘陵草地土壤酸碱度、改善土壤通透性和增强土壤保水能力的有效方法。黄土丘陵草地土壤的通风性差，水分保持能力差，土壤酸碱度容易失衡。因此，适时施加石灰或石膏等土壤改良剂可以改善土壤结构，增强土壤保水能力。

有机肥料应用和微生物肥料使用也是促进黄土丘陵草地土地肥力提高的有效方法。有机肥料应用可以促进土壤微生物活动，提高土壤肥力，改善土壤结构，提高土壤保水能力。微生物肥料使用可以增加土壤中微生物的含量，增加土壤活性，从而促进植物生长和提高土壤肥力。

（二）养分管理

黄土丘陵草地的养分管理可以促进草地的生长发育和提高生产力，从而提高生态系统稳定性。适时施肥是养分管理的重要手段之一。在黄土丘陵草地中，草地生长发育常常受到养分的限制。因此，合理的施肥可以为草地提供必要的养分，促进草地的生长发育和提高生产力。施肥方法一般采用化肥或有机肥料，施用量和施肥时机应根据当地土地和气候条件以及草地植物的生长需求进行调整。

利用混播种草的方法增加草地植物多样性，可以提高草地养分利用效率。混播种草可以发挥不同草种之间的协同作用，提高草地的养分利用效率和生产力。混播种草还可以增加草地植物的种类，提高草地的生态多样性，为生态系统的稳定性提供保障。

合理的放牧管理也是养分管理的关键环节。在黄土丘陵草地中，合理的放牧可以促进草地生态系统的恢复和保护。适当的放牧，可以促进草地植物的生长和更新，提高草地的生产力和生态系统稳定性。因此需要进行合理的放牧管理，以确保草地生态系统的可持续发展。

五、水源利用与保持

黄土丘陵草地的水资源是草地生态系统的基础，对于草地植物的生长和发育至关重要。合理的水资源利用可以提高草地的生产力和水资源的利用效率。在黄土丘陵草地中，适时的灌溉可以增加草地植物的生长，提高草地的产量和品质。灌溉方式一般采用滴灌或喷灌，根据草地植物的生长需求和当地气候条件来调整灌溉量和灌溉时机，以避免草地过度灌溉和水资源的浪费。另外，可以建立水利工程、加强水资源的监测和管理等，进而提高水资源的利用效率，减少水资源的浪费。

在水源的保持方面，黄土丘陵草地的土地特征决定了其水土流失的风险很高。因此，采取一系列水源保持措施可以减少水土流失，提高草地生态系统的稳定性。其具体措施如下。

（一）建设防护林带

建设防护林带可以防止草地上的水和土壤流失。防护林带应该与草地的植被相协调，选择树种和草种应当相互补充、协调，发挥林带保护作用的同时又不影响草地的生产力。

（二）植被恢复与保护

植被恢复与保护是保持黄土丘陵草地水源的重要手段，可以通过增加植被覆盖度、增加草种多样性和改善植被结构等途径实现。具体措施包括合理轮牧、选择合适的草种和灌木、合理施肥等，以增加草地植物的覆盖度，促进根系生长，防止草地水土流失。

（三）建设水土保持设施

建设水土保持设施是减少黄土丘陵草地水土流失和保护水源的重要手段。常见的水土保持设施包括梯田、沟壑防护、地膜覆盖、植被覆盖等。这些措施可以减缓地表水流速度，增加水在草地中的停留时间，从而促进水分渗透和土壤保持。

第三节　沙地草地的培育改良技术

沙地草地的培育和改良对于改善沙漠生态环境、保护生物多样性和维护生态安全至关重要。为此，人们研究出了许多有效的沙地草地培育和改良技术，包括沙地固定技术、沙地植被建设、水分管理与调控和沙地土壤改良等。这些技术的综合应用，能够提高沙地草地的生产力和生态环境，促进沙漠生态系统的可持续发展，如图 6-3 所示。

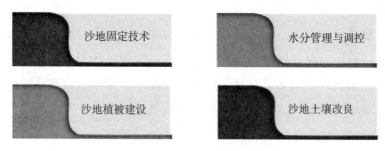

图6-3　沙地草地的培育改良技术

一、沙地固定技术

沙地固定技术是一种关键的生态修复方法，旨在通过人工措施降低沙化速度，从而改善沙地生态环境。在实施这一技术时，通常采用植物沙障、生物固沙和风向砂篱等方法，以实现沙地稳定和风蚀减轻。

植物沙障是通过种植具有固沙作用的植物来阻挡风沙，减轻风蚀。这些植物具有强大的根系，能够稳定沙丘并有效抵抗风沙的侵袭。这些植物还能为其他生物提供食物和栖息地，从而改善整个沙地生态系统。

生物固沙方法则依赖微生物和其他生物的作用。微生物可以改善土壤结构，提高土壤的固沙能力；其他生物如昆虫、鸟类等也可以在一定程度上帮助稳定沙地生态系统。引入适应沙地环境的生物物种，可以促使沙地生态系统逐渐恢复平衡。

风向砂篱是一种物理障碍，通常由竹子、草编网或其他结实材料制成，用于减缓风速并捕捉飞沙。风向砂篱可以减缓沙丘的迁移速度，并有助于维持沙地地貌的稳定。通过设置风向砂篱，可以为植被生长提供保护，进一步促进植被覆盖的增加。

二、沙地植被建设

（一）沙地植被建设过程

沙地植被建设旨在改善沙漠化和干旱地区的生态环境。这一过程主要是指选择适宜的沙生植物，进行造林、种草来搭建沙地生态系统，从而实现水土保持和生态环境的改善。

在沙地植被建设中，选择适宜的沙生植物是至关重要的。优选的植物应具有耐旱、抗风、耐盐碱等性能良好的特点，以便在恶劣的沙地环境中生长繁殖。这些植物种类繁多，包括某些乔木、灌木、草本植物和地被植物。为了确保植被建设成功，需要对这些植物进行适当的研究和筛选，以找到最能适应特定地区环境条件的品种。

造林是沙地植被建设的重要组成部分。通过在沙地上种植耐旱、抗风、耐盐碱的树木，可以形成一个稳定的森林生态系统。这些树木的根系可以深入土壤，有助于固定沙土，减缓风力对沙地的侵蚀作用。此外，森林还能改善局部气候，增加降水量，从而为沙地植被的进一步发展创造有利条件。

种草则是通过在沙地上种植耐旱、抗风、耐盐碱的草本植物，提高沙地的植被覆盖率。草本植物具有较短的生命周期，生长迅速，能够迅速覆盖沙地表面。这有助于减少风蚀和水蚀，保持水土，提高生态系统的稳定性。

（二）沙生植物种植与保护

沙生植物在沙地生态环境下表现出良好的生长能力，对于改善沙地生态状况具有重要意义。在沙地改良过程中，选择适宜的沙生植物种类并保护珍稀沙生植物资源至关重要，以实现高效的沙地植被建设。

选择具有较强根系的植物，有利于固定沙丘，减轻风蚀。在挑选植物时，应充分考虑当地气候、土壤条件和水资源等因素，以确保所选植物能够适应当地环境。

珍稀沙生植物具有独特的生态价值和文化意义，需要采取相应的保护措施，确保这些珍稀植物得到良好的保护。例如，建立自然保护区、禁止采伐、加强监管等，都是保护珍稀沙生植物的有效手段。

开展沙生植物的引种、育种和繁殖工作也是提高沙地植被建设效果的重要措施。引种是将具有固沙潜力的外来植物种引入沙地，增加植被多样性，从而改善沙地生态环境。育种是通过人工选育和杂交技术，培育出性能更优的沙生植物品种，以提高沙地植被的适应能力和生态功能。繁殖工作包括收集和保存沙生植物种子，以及通过扦插、分株等方法繁殖沙生植物，为沙地植被建设提供充足的种源。

三、水分管理与调控

水资源开发是沙地水分管理的基础环节。在沙地生态系统中，水资源往往较为匮乏，因此需要开发和利用各种水资源。这包括地下水、河流、湖泊等天然水资源，以及通过降水收集、海水淡化等技术手段获取的人工水资源。通过综合利用这些水资源，可以为沙地生态系统提供充足的水分。

水资源利用方面，需要科学合理地安排灌溉、降水收集和渗透加强等措施。灌溉是沙地植被生长的关键支持，通过合理安排灌溉，可以确保植被获得充足的水分供应。降水收集则是利用现有设施和技术，将降水有效地收集起来，以便在干旱时期为沙地生态系统提供水分。渗透加强措施则旨在提高土壤对水分的吸收能力，减少水分的蒸发损失，从而提高水分利用效率。

水分调控是沙地水分管理的核心环节，需要综合考虑气候、土壤、植被等多种因素，制定合适的水分管理策略。这包括调整灌溉频率、改善土壤结构、选择耐旱植物等措施。通过这些措施，可以在有限的水资源条件下，最大限度地提高水分利用效率，为植被生长创造有利条件。

四、沙地土壤改良

沙地土壤改良是一种关键的生态修复方法，其目标是通过人工干预来改善沙地土壤的生态环境，从而提高沙地生态系统的生产力。施加有机肥是一种有效的沙地土壤改良方法。有机肥来源于动植物及其排泄物，如农家肥、绿肥、堆肥等。有机肥能够增加土壤中的有机质含量，有利于土壤结构的改善。有机肥中含有大量的养分，能够提高土壤肥力，促进植物生长。此外，有机肥能够增加土壤中的微生物数量和活性，这些微生物有助于土壤中有机物的分解和养分的循环，从而改善土壤生态环境。

添加土壤改良剂也是沙地土壤改良中的重要措施。土壤改良剂包括膨润土、沸石、生物炭等无机物质以及生物制剂等。这些改良剂可以改善沙地土壤的物理、化学和生物性质。例如，膨润土可以增加土壤的持水性和离子交换容量，有利于植物生长；沸石可以改善土壤通气性，促进根系呼吸；生物炭可以吸附有害物质，改善土壤环境。通过添加土壤改良剂，可以优化沙地土壤环境，提高沙地生态系统的稳定性和生产力。

利用植物根系也是沙地土壤改良的有效方法。植物根系能够改善土壤结构，提高土壤肥力。具有发达根系的植物可以穿透沙地，使土壤变得疏松，增加土壤的通气性和持水性。植物根系可以分泌有机物质，如糖胺聚糖、酵素等，这些物质能够促进土壤团聚和养分循环。

第四节　林间草地的培育改良技术

林间草地是指分布于森林内部的草地，具有重要的生态和经济价值。然而，由于森林环境的复杂性和多样性，林间草地的培育和改良技术也相应具有一定的复杂性和挑战性。为了使林间草地能够更好地发挥其功能和价值，需要采用多种技术手段进行管理和改良，如图6-4所示。

图6-4　林间草地的培育改良技术

一、林间光照调控技术

林间光照调控技术旨在通过调整林木的种植结构、密度，以改善林间草地的光照条件，从而促进草地的生长。首先，选择适当的林木种植间距至关重要。间距合适的林木能够确保足够的阳光穿透到林下草地，为草地植物提供充足的光合作用所需光能。适当的种植间距需要综合考虑树种的特性、生长速度、树冠大小等因素，以达到最佳的光照效果。

选择具有较高透光率的树种对于优化林间光照条件同样重要。较高透光率的树种意味着光线能够更好地穿透树冠，使更多阳光抵达林下。在选择树种时，应考虑树种的树冠形状、叶片大小和密度等因素，以保证良好的光照条件。

定期对林木进行修剪也是改善林间光照条件的有效方法。通过修剪林木，可以调整树冠大小，提高光照透过率。适时的修剪不仅有助于草地植物的生长，还能促进林木的健康成长。修剪的方法和频率需要根据林木种类和生长状况进行调整，以达到最佳效果。

二、林间土壤改良

林间土壤改良方法是为了提高林间草地生产力和生态功能而进行的一系列优化措施。通过采用不同的土壤改良方法，可以提高土壤肥力、改善土壤结构，从而为草地植被的生长创造有利条件。

添加有机肥料是一种有效提高土壤肥力的方法。有机肥料如农家肥、堆肥和生物肥料等，富含有机质和养分，可以显著改善土壤结构，提高土壤的保水和保肥能力。这有助于为草地植被提供持续的养分供应，促进其生长。

进行土壤深松作业也是改善土壤结构的重要手段。土壤深松可以打破土壤板结，增加土壤通气性和渗透性。这样有利于根系的生长和发育，进而提高植物对水分和养分的吸收能力。深松作业还可以改善土壤的保水性能，降低水分蒸发损失，有利于草地植被的生长。

使用植物覆盖物是一种既环保又经济的土壤改良方法。植物覆盖物，如草皮、秸秆和落叶等，可以有效地减少水土流失，保持土壤湿度。这些覆盖物在降解过程中会释放养分，有益于土壤生物的活动和土壤肥力的提高。植物覆盖物还可以减轻土壤表面的温度波动，为草地植被的生长创造稳定的生长环境。

三、林间植物种植与管理

在林间草地进行植物种植与管理时，需要综合考虑多个方面。首要任务是选择合适的植物种类。因为林间草地的光照条件相对较弱，所以应优先选择耐阴性强、生长速度快、养分需求适中的草本植物和地被植物。这些植物能在较差的光照条件下茁壮成长，有助于维持草地的生态稳定，增加生物多样性。

植物种植完成后，需要进行定期的草地修剪。及时修剪草地植物不仅能促进植物生长，还能保持草地的整洁美观。修剪时应注意遵循植物生长的自然规律，避免过度修剪导致植物受损。修剪后的枝叶可以堆肥，为草地提供养分。

除此之外，还需密切关注有害植物的生长状况。有害植物，如杂草和入侵植物，可能会对林间草地造成负面影响，如挤占生长空间、破坏生态平衡等。一旦发现有害植物，应及时进行清除，避免其继续扩散。此外，在清除有害植物时，应尽量减少对其他生物的干扰。

四、林下生物多样性维护

保护和恢复天然植被是维护林下生物多样性的基础。天然植被可以为各类生物提供丰富的食物来源和栖息地，同时也有助于维持土壤肥力和水源保持。在实际操作中，应尽量避免破坏原有的天然植被。如在进行林业活动时，选择最小干扰的方式，减少对生态环境的破坏。此外，可以对已经退化的天然植被进行恢复，如进行人工造林、补植或者自然更新，以便于重建生态系统。为了保护珍稀或濒危物种，同时促进生物种群的互动和基因交流，还可建立保护区或者生态廊道。

优化林下植物群落结构是提高生物多样性的关键。一个丰富多样的植物群落能够为各类生物提供多样化的生态位，从而增加物种丰富度和多样性。在实践中，应选择适应当地环境的本地植物进行种植，以增加物种多样性。应尽量避免单一树种的种植，而是采用多种树种进行混交，以增加植物层次和物种多样性。在林下，可以植入多种草本植物和地被植物，以保持林下生态环境的稳定性。

创造适宜的生境条件是促进各类生物繁殖和生长的关键。一个良好的生境可以为生物提供足够的生存空间、食物来源和安全的繁殖环境，有利于生物种群的繁衍壮大。具体措施包括提高林下光照和温度适宜性，为生物提供适宜的生存环境；保持林下水源充足，以满足生物的生活用水需求。此外，应着重保护脆弱生境，如湿地、河流、栖息地等，以确保生物种群的稳定和繁衍。在生境管理过程中，可以采用多样化的方法，如优化水源管理、提高土壤质量和增加生境结构复杂性。

加强生物多样性的监测和管理也是维护林下生物多样性的重要措施。通过定期对生物多样性进行调查和监测，可以及时发现生物多样性的变化趋势，从而采取相应的保护措施。加强对生态系统功能的理解，有助于更好地保护和管理生物多样性。

五、林下养分循环与管理

林下养分循环与管理是林间草地培育改良技术中的一个重要环节，旨在优化林间草地的养分循环过程，维持生态系统的稳定和可持续发展。

土壤养分管理是林下养分循环与管理的基础环节。在林间草地生态系统中，土壤养分的供应和循环对植被生长具有关键性的影响。关注土壤养分的类型、含量和分布，以便为植被提供适宜的养分环境。有机肥料、绿肥等能够提供丰富的养分，有助于植被生长。合理安排灌溉和排水措施，以维持适宜的土壤湿度，防止养分流失。还需要进行定期的土壤检测和监测，以了解土壤养分状况，为养分管理提供科学依据。

植物养分吸收与利用是林下养分循环与管理的关键环节。在林间草地生态系统中，植物养分吸收与利用的效率对生态系统的稳定和可持续发展具有重要意义。选用适宜的植物品种，可以提高养分利用效率。养分需求量适中、养分吸收能力强的草本植物和地被植物可以充分利用土壤养分，提高生态系统的生产力。合理的植被管理，如修剪、施肥、病虫害防治等手段，能够促进植物养分吸收与利用。还可以通过生物固氮、磷解等生物过程，提高植物对氮、磷等养分的吸收和利用效率。

　　土壤微生物活动促进是林下养分循环与管理的重要手段。土壤微生物在林间草地生态系统中起着至关重要的作用，它们参与土壤养分的循环和转化，维持生态系统的平衡和稳定。首先，可以通过添加有机物质，如农家肥、绿肥和生物肥料等，来促进土壤微生物的生长和活动。有机物质作为微生物的养分来源，有助于提高土壤生物活性，促进养分的矿化和转化。其次，可以通过保持适宜的土壤湿度和温度，为土壤微生物创造良好的生存环境。适宜的湿度和温度条件可以提高微生物的代谢活性，加速养分循环和转化过程。最后，还可以通过施用生物制剂和微生物菌剂等手段，引入和激活土壤中的有益微生物。这些有益微生物可以与植物共生，提高植物对养分的吸收和利用能力。

　　在实施林下养分循环与管理过程中，需要综合运用多种技术和方法，针对林间草地生态系统的特点和需求，进行有针对性的调控。例如，可以通过定期监测土壤养分状况，分析林下养分循环与管理的效果，为进一步优化调整提供依据；还可以借鉴其他生态系统的成功经验和管理模式，完善林下养分循环与管理体系。

第五节　高山、亚高山絮结草地的培育改良技术

　　高山、亚高山絮结草地的培育改良技术如图6-5所示。

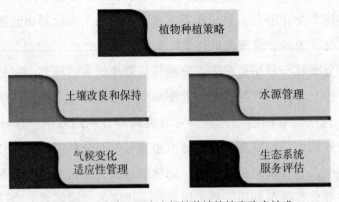

图6-5　高山、亚高山絮结草地的培育改良技术

一、植物种植策略

高山、亚高山地区植物种植策略在许多方面都与其他地区的植物种植策略有所不同。虽然这些区域的植物具有较强的适应性，但是由于地形、气候和土壤等自然条件的限制，植物的种植需要特殊的策略。高山、亚高山地区的气候和土壤条件独特，这意味着不是所有的植物都能在这里生长。因此，在选择植物种类时，必须充分考虑当地的气候、土壤、海拔等条件，还应了解植物的生态学、生物学和抗逆性等特点，以选择能够适应高山、亚高山环境的植物。

首先，了解植物的分布和生长特性对于成功种植高山、亚高山植物至关重要。这些信息有助于确定适宜的种植地点、种植密度和植株间距等。植物的生长特性还可以指导植物的养护管理，包括灌溉、施肥、修剪和病虫害防治等。

其次，要选择合适的种植方式和地点。高山、亚高山植物的种植方法包括直接播种、移栽、分株、插秧等。直接播种是在种植地点直接播撒种子的方法。这种方法适用于种子较小、生长迅速、适应力较强的植物。在播种前，需要对种子进行适当的处理，如浸泡、破壳、催芽等，以提高发芽率。播种时，应选择适宜的播种时间、播种深度和覆盖方式等。移栽是将幼苗从育苗地移植到种植地点的方法。这种方法适用于种子较大、生长较慢、适应力较弱的植物。移栽可以在植物生长的早期阶段为其提供一个较为稳定的生长环境，从而提高成活率。在移栽过程中，需要注意幼苗的生长状况和移植时期，以确保植物顺利适应新环境。分株是将多年生植物的根茎或地下茎分割成若干部分并分别种植的方法。这种方法适用于具有较强分枝能力、容易繁殖的植物。分株可以快速扩大植物种群，提高种植效果。在分株过程中，需要注意分株的大小、分枝数量和生长状况，以确保分株成活和生长。插秧是将植物的茎、叶或根插入土壤进行繁殖的方法。这种方法适用于具有较强萌发能力、容易生根的植物。插秧可以在短时间内大量繁殖植物，提高种植效益。在插秧过程中，需要注意插秧的部位、深度和密度，以确保植物生根成活。

再次，为了提高植物的成活率和生长状况，还需要注意植物的养护管理。养护管理包括适当灌溉、施肥、修剪和病虫害防治等。高山、亚高山地区的降水量和水分蒸发量可能与其他地区有很大差异，在这些地区进行灌溉时，应当根据植物的需水量、土壤类型和当地的气候条件来确定灌溉的频率和用水量。高山、亚高山地区的土壤肥力可能较低，因此需要通过施肥来提高土壤肥力，这是为植物提供养分的重要手段。高山、亚高山植物由于受到风力、降雪等自然因素的影响，需要定期进行修剪。修剪时应根据植物的生长特性、生长状况和目标形态来确定修剪部位、幅度和时间。

最后，应当注意高山、亚高山地区的病虫害防治，因其种类和发生程度可能与其他地区有所不同，因此在这些地区进行病虫害防治时，需要充分了解当地的病虫害种类、危害程度和发生规律。病虫害防治的方法包括生物防治、化学防治和物理防治等。在选择防治方法时，应综合考虑防治效果、环境安全和经济成本等因素。

二、土壤改良与保持

高山、亚高山草地是高寒地区的重要生态系统之一，其生态环境较为脆弱，土壤质量和保水能力较低，受到水土流失和风蚀的影响比较大。对此，土壤改良与保持需注意以下几方面。

首先，要加强基础土地管理措施，如加强土壤调查和监测、合理利用草地、控制过度放牧等。这些措施可以保持土地的健康状态，减少因土地管理不当导致的草地退化和土地荒漠化。

其次，有机肥料和矿物质肥料的施用可以提高土壤肥力，促进植物生长和草地恢复，可以在高山、亚高山草地施用有机肥料和矿物质肥料。其中，有机肥料包括畜禽粪便、堆肥、农家肥等，可以增加土壤的有机质含量和养分含量，提高土壤肥力和保水能力；矿物质肥料包括氮、磷、钾等，可以补充土壤养分，促进植物生长。但是需要注意适量施用，避免肥料过量造成的污染和环境负担。

最后，草本植物是草地生态系统的重要组成部分，可以提高土壤质量和保水能力。一些草本植物具有较强的生长适应性和抗逆性，如青贮牧草、苜蓿等。这些草本植物具有较深的根系，可以增加土壤孔隙度，提高土壤通气性和保水性。草本植物的生物量可以增加土壤有机质含量，促进土壤微生物的活动，提高土壤质量。覆盖植物秸秆和枝条是一种常用的土壤保持措施，可以减少水土流失和风蚀的影响。将植物秸秆和枝条覆盖在土壤表面可以防止土壤干燥、减少水分蒸发，可以保持土壤结构和透气性，减少水土流失和水土侵蚀。此外，植物秸秆和枝条可以逐渐分解，释放出养分，为植物提供养分和水分。

三、水源管理

（一）水土保持

水土保持是高山、亚高山草地水源管理的重要组成部分。这里的水土保持指的是减少水土流失和风蚀的措施。高山、亚高山草地的地形较为崎岖，地势陡峭，土地质量较差，水土流失和风蚀的情况较为严重。因此，采取适当的水土保持措施对于保护和恢复高山、亚高山草地的水源功能至关重要。

梯田可以减缓降雨对地面的冲击，防止水土流失，增加土地的水分保持能力，保护植被的生长。梯田还可以增加土地的利用率，提高高山、亚高山草地的经济效益。此外，梯田也可以增加土壤的有机质含量，改善土地的质地和结构，提高土壤的肥力。

树木的根系可以固定土壤，防止水土流失和风蚀。树木可以拦截雨水，增加土地的水分保持能力，改善土地的水文循环，提高植被覆盖率。此外，树木还可以吸收二氧化碳，减少温室气体的排放，对于缓解气候变化也有重要的作用。

（二）排水管理

草地的排水情况直接影响草地的生态系统和水源功能。应当随时注意草地的排水情况，避免出现积水的情况。由于高山、亚高山草地的排水能力较弱，雨水和融雪水容易在草地内聚集，进而会形成积水，从而影响其草地植被的生长。因此，需要采取措施改善草地的排水情况，如加强土地整治，开挖排水沟渠，修建防洪堤坝等。这些措施可以提升草地的排水能力，进而提高草地的生态系统的稳定性和水源的涵养能力。

需要注意冻融环境对草地的影响。高山、亚高山草地的气候环境极端，冬季气温极低，夏季气温极高，这种气候环境会对草地的土壤和植被造成一定的冻融损害。因此，需要采取适当的措施减少冻融损害，如提升植被覆盖率、提高土壤含水量、降低土壤温度、提升土壤的保温性能等。

（三）灌溉管理

科学的灌溉管理可以合理利用雨水和灌溉水资源，避免浪费和污染，保护和恢复高山、亚高山草地的水源功能。

首先，要进行科学的水资源管理，包括合理规划水资源的开发和利用，控制水资源的过度开采和过度使用。要制订科学的水资源管理方案，对水资源进行统筹规划和综合利用，建立水资源监测和调度系统，提高水资源的利用效率和利用价值。

其次，要采取适当的灌溉方式，如滴灌、喷灌等，减少水资源的浪费和污染。滴灌是一种逐滴给植物浇水的灌溉方式，可以减少水的流失和蒸发，提高灌溉水的利用率，也可以减少灌溉水的污染和浪费。喷灌是一种通过喷头将水喷洒在植物上的灌溉方式，可以提高灌溉效率和灌溉均匀性，减少水的流失和污染，也可以提高草地的植被覆盖率和生长量，提高草地的水源涵养能力。

最后，还需要制订科学的灌溉管理方案，根据草地的生长需要和水资源的供需情况，合理安排灌溉时间和灌溉量，避免过度灌溉和浪费水资源。要加强灌溉设施的维护和管理，及时修缮设施，防止设施老化和损坏，确保灌溉设施的正常运行和灌溉效果。

四、气候变化适应性管理

首先，草地的土壤管理是提高草地适应气候变化的关键因素。草地土壤的质量和结构对于草地植被生长、养分循环和水分利用具有重要的影响。因此，采取措施保持土壤的水分、肥力和通气性，以增强草地植被生长能力，提高草地的产草能力和养分利用率。要加强对草地土壤的管理和修复，避免土壤侵蚀和土地退化，保护草地生态系统的稳定性和适应性。

其次，在气候变化的背景下，选择具有较强适应性的植物品种可以提高草地生态系统的稳定性和适应性，增加草地的生物多样性并提高生态系统服务功能。此外，还可以采用多样性的植物组合和复合草地等方法，提高草地的养分利用率和产草能力，从而增强草地的适应性。

再次，合理利用草地的水资源也是提高草地适应气候变化的重要措施。草地的水资源管理涉及水分的保持、利用和分配等方面，可以采取增加土壤有机质含量、加强地表覆盖、建设灌溉设施等措施，以提高草地的水分利用效率和水分保持能力，保护草地生态系统的稳定性和适应性。通过加强对草地的监测和管理，及时发现和解决草地生态系统中的问题，对草地进行修复和维护，可以提高草地的生态系统稳定性和适应性。

最后，加强科学研究和技术创新是提高草地适应气候变化的重要手段。深入研究草地生态系统的响应机制和适应性策略，开展生态系统模拟和实验研究，提高对草地生态系统的认识和理解，可以为制定有效的适应性措施提供科学依据。积极探索新的技术创新手段，如新型肥料、新型草种、水文模拟等技术，以提高草地生态系统的适应能力和生产效率。

五、生态系统服务评估

高山、亚高山絮结草地是一种生态系统，它能提供许多重要的生态系统服务。生态系统服务是指生态系统向人类提供的直接或间接的经济、社会和环境利益。对于高山、亚高山絮结草地，生态系统服务包括水源涵养、土壤保持、碳固定、生物多样性维护和食物生产等。

第一，高山、亚高山絮结草地具有水源涵养的功能。草地植被能够拦截和吸收降雨，减缓雨水流失，促进雨水渗透至土壤深层。在草地内部，根系系统能够增加土壤渗透性，从而提高地下水的蓄水量。这些过程有利于维持当地的水循环，减少山洪和泥石流等灾害的发生。

第二，高山、亚高山絮结草地对土壤保持也非常重要。这些草地的植被能够保护土壤，减少水和风对土壤的侵蚀。草地根系的生长也有助于提高土壤稳定性，减少土壤侵蚀和水土流失。此外，草地的植物残体能够降解成有机质，有助于改善土壤质量，提高土壤肥力。

第三，高山、亚高山絮结草地具有碳固定的作用。草地的植物通过光合作用吸收二氧化碳并将其固定在植物体内，从而降低大气中二氧化碳的浓度。草地植物的根系和土壤微生物也能够将有机物质分解为稳定的有机碳，并将其储存于土壤中。这些过程有助于减缓气候变化，维护地球生态平衡。

第四，高山、亚高山絮结草地对生物多样性的维护也非常重要。这些草地通常是许多植物和动物（包括许多濒危物种）的栖息地。草地能够促进生物多样性的维持。

第五，高山、亚高山絮结草地还能为当地居民提供食物和草药资源。这些草地常常是当地牧民放牧的场所，草地上的牛羊等畜禽提供了当地居民的主要食物来源。此外，许多高山、亚高山草地上的植物还被用作传统药材，具有一定的药用价值。

第六节　南方草山、草坡、滩涂草地的培育改良技术

南方草山、草坡、滩涂草地是我国南方地区的一种生态系统，主要分布在福建、广东、广西、贵州、湖南、江西、云南等省区。这种草地生态系统的特点是海拔相对较低，气候温暖湿润，降雨量较多，土地利用多为畜牧业和农业。草地植被以禾草和杂草为主，常见的有榆叶草、黑麦草、三叶草、羊草等。草地上生活着许多野生动物，如麻雀、兔子、黄鼠狼、野猪等，其具体的培育改良技术如图 6-6 所示。

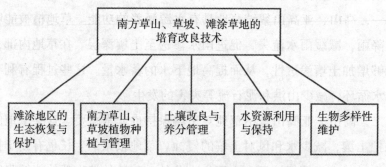

图 6-6　南方草山、草坡、滩涂草地的培育改良技术

一、滩涂地区生态恢复与保护

滩涂，是海滩、河滩和湖滩的总称，指沿海大潮高潮位与低潮位之间的潮浸地带，河流湖泊常水位至洪水位间的滩地，时令湖、河洪水位以下的滩地，水库、坑塘的正常蓄水位与最大洪水位间的滩地面积。滩涂在地貌学上称为"潮间带"①。由于潮汐的作用，滩涂有时被水淹没，有时又露出水面，其上部经常露出水面，其下部则经常被水淹没。

为了实现滩涂地区的生态恢复与保护，一是要进行滩涂地区的生态调查，了解其生物多样性和生态环境状况，以便为生态恢复与保护提供科学依据。生态调查的内容应该包括滩涂地区的动植物物种、数量、分布情况、环境因素以及人类活动等相关信息。通过生态调查，可以全面了解滩涂地区的生态现状，为后续工作提供指导。

二是要制订滩涂地区的生态恢复与保护规划，明确生态恢复与保护的目标、任务和措施，综合考虑自然、社会、经济等多方面因素。规划应当考虑滩涂地区的生态系统现状、生态系统功能需求、环境保护要求、社会经济发展等因素。规划的内容应该包括生态系统保护、生态修复、生态经济等方面，明确措施和实施路径，确保生态恢复与保护工作的顺利开展。在实施过程中，要加强滩涂地区的自然保护区建设，禁止或限制破坏性的开发活动。自然保护区是重要的生态保护区域，其建设可以有效保护滩涂地区的生态系统和生物多样性。在自然保护区内，应当禁止或限制破坏性的开发活动，限制人类干扰，确保生态系统的稳定和健康。

三是要加强滩涂地区的生态修复技术研究与推广，采用物种引入、土壤改良、水文调整等措施，提高滩涂地区的生态系统稳定性和功能。例如，在滩涂地区进行植被恢复时，可以采用物种引入的方式，引进适应当地生态环境的植物种类，以提高滩涂地区植被的多样性和稳定性。

四是要加强滩涂地区的生态保护宣传与教育，提高公众的认识和参与度。通过开展生态保护宣传和教育，可以提高公众对滩涂地区生态保护的

---

① 雷怀彦.海洋地质学 [M].北京：科学出版社，2021：123.

认识和理解，增强公众的环保意识。这有助于减少人类活动对滩涂地区的破坏，促进公众积极参与生态恢复与保护工作，还需要注重合理利用滩涂资源，推动滩涂地区的可持续发展。在生态修复的同时可以开展滩涂旅游、渔业等生态产业，促进当地经济发展和居民收入增加。例如，在滩涂地区开展观鸟、野生动物摄影等活动，可以增加当地旅游收入，同时保护当地的生态环境和野生动物资源。

五是为了保证滩涂地区的生态恢复与保护工作的长期持续性，需要加强相关法律法规的制定和实施。相关法律法规可以对滩涂地区的环境保护、生态修复、资源利用等方面进行规范和管理，保证生态恢复与保护工作的顺利开展。此外还要加强滩涂地区的监测和评估工作，及时掌握生态环境变化和生态系统健康状况，为后续生态恢复与保护工作提供科学依据。

二、南方草山、草坡植物种植与管理

草地是草山、草坡地区最重要的植被类型，草地植物的种植与管理对于维护南方草山、草坡地区的生态平衡，保护生态系统具有重要意义。在南方草山、草坡地区的植物种植与管理方面，要注意植物种植的适宜性和多样性。要根据当地气候、土壤、地形等因素选择适宜的植物品种，以提高植物的生长速度和适应能力。要注重多样性，尽可能选择不同的植物品种，以增加草地的物种多样性和稳定性。还要注意植物的密度和种植间隔，避免过度种植导致生态环境恶化。

植物种植管理是草地管理的重要环节，包括植株修剪、除草、灌溉、施肥等多个方面。植株修剪是指对植株进行剪枝和修剪，以保持植株的健康和生长。除草是指对草地上的杂草进行清除，以减少杂草对草地的竞争和破坏。灌溉是指对草地进行补水，以保持草地的水分充足。施肥是指对草地进行肥料补充，以提高草地的生产力和生长速度。

草地管理是保护和改善草地生态系统的重要手段，包括草地的轮作、翻耕、混播等多个方面。草地轮作是指在草地上轮换不同的作物种类，以减少对土壤的破坏和保持土壤肥力。翻耕是指对草地进行深翻和深松，以提高土壤的通气性和水分保持能力。混播是指将不同的植物种子混合后播种，以增加草地的物种多样性和稳定性。

应当加强对草地生态系统的监测和评估，及时掌握草地生态环境变化和生态系统健康状况，为后续草地保护工作提供科学依据。加强对草地生态环境的保护，防止人类活动对草地的破坏，比如对过度开发、过度放牧、过度采摘等活动都需要加以限制或禁止。此外，还要加强对草地生态系统的修复和重建，通过采用生态修复技术等措施，促进草地生态系统健康恢复。

三、土壤改良与养分管理

（一）土壤改良

1. 施肥

施肥是提高草地产草量和土壤养分含量的基本措施。在施肥时，应根据土壤类型、草种要求、气候条件和用草量等因素合理选择肥料品种和施肥量，同时注意肥料的平衡施用，以免出现肥料浪费或者土壤肥力不足的情况。

2. 翻耕

翻耕是指将草地表土翻掘翻松，以增加土壤通气性、水分通透性，降低土层密度。翻耕有助于改善草地土壤的肥力状况，但翻耕深度过大，将破坏土壤生态平衡，从而引起土地沙化等问题，因此要控制翻耕深度，以适当的深度为宜。

3. 深翻土壤

深翻土壤是指将草地表层土壤和下层土壤一起翻掘深耕，以改善土壤质地、提高草地的生产力。深翻土壤应该在春季或秋季进行，以避免影响草地的正常生长和生产。

4. 补充有机质

在草地生产过程中，有机质的消耗速度比较快，需要及时补充，以维持土壤的生产力。补充有机质的方法包括施用有机肥料、翻耕秸秆等。有机质的增加不仅可以改善土壤肥力状况，还可以提高土壤持水能力，有利于草地的生长。

（二）土壤的养分管理

1. 合理管理草地

合理管理草地是指科学规划、合理布局和合理利用草地资源，以保证草地的生产力和生态环境的可持续发展。合理管理草地可以通过合理轮牧、合理放牧、适时割草等措施来实现，从而达到优化草地生态系统的目的。

2. 合理选择草种

在种草时，应根据草地生态环境、土壤条件和气候等因素选择适宜的草种，实现草地生产的最优化。不同草种对土壤要求不同，例如，禾草类对氮肥和钾肥需求较高，而豆科草则对钙肥和磷肥需求较高。因此，在选择草种时要注意合理施肥和养分管理。

3. 合理施肥

合理施肥是指根据草地生产需要和土壤肥力状况，科学制订施肥计划，选择适宜的肥料品种和施肥量，实现草地生产的最大化。合理施肥可以改善土壤肥力状况，提高草地生产力，同时也能避免肥料浪费和环境污染。

4. 病虫害防治

病虫害对草地生产造成了严重威胁。为了有效地防治病虫害，应采取多种防治措施，如加强草地管理、草地间作种植、合理施肥、及时除草等，从而提高草地的免疫力和抗病能力。

四、水资源利用与保持

（一）南方草山、草坡、滩涂草地的水资源特点和利用方式

南方草山、草坡、滩涂草地的水资源主要是雨水和地下水。这些地区的降雨量较高，但往往呈现出集中、季节性和不稳定的特点。另外，由于这些区域的土壤大多为浅层、薄质、多孔隙结构，易发生水土流失和土壤侵蚀，导致水源的流失和污染。因此，南方草山、草坡、滩涂草地的水资源利用和保持显得尤为重要。要采取合理的排水措施，保证草地排水畅通，避免积水和湿润环境对草地的危害。排水措施包括梯田排水、沟渠排水、排水沟建设

等。在排水的同时还需要采取相应的水分调节措施，如灌溉、保水、防旱等，以提高草地的水利用效率。

为了有效地利用雨水资源，可以采取多种收集雨水的措施，如建设水库、水窖、集雨池等，同时也可以通过井灌、沟灌、滴灌等方式进行有效灌溉，提高灌溉效率。还可以通过保水措施，增加草地的土壤水分含量，提高草地的水资源利用效率。

（二）南方草山、草坡、滩涂草地的水资源保持技术措施和方法

1. 水土保持是其关键

为了防止水土流失，该区域主要的措施是建设防洪林带，防洪林带的主要作用是减缓降雨径流速度，减少泥沙冲刷，同时还可以保持土壤水分。防洪林带的建设需要考虑植被的适应性、生长速度、防护性能等因素，合理选择植物种类和布局。南方草山、草坡、滩涂草地适宜的树种有云杉、杉木、柏木等。

草地水土保持措施主要包括草种选择、草地覆盖度的维护、草地管理等。采用合理的草种组合和管理方法可以有效地提高草地的覆盖度，增加土壤保水量，减少水土流失。

2. 水资源保护是其根本

该区域的水资源主要是雨水和地下水，但由于人类活动和自然因素的影响，水资源往往面临污染和破坏。应当首先建立保护区域，保护该区域内的河道、湖泊、水源地，使其不受污染。

加强监管力度是保护水源的关键。相关管理部门可以加强监管力度，加大对违法排放行为的打击力度，提高违法成本，同时加强监测和检测，及时发现和处理污染问题，保障水资源的质量和数量。

提高公众环保意识和环保责任感也是保护水源的有效途径。相关管理部门可以通过宣传教育、媒体报道等方式，提高公众对环保的认识和意识，引导公众积极参与环保行动，推动保护水资源工作的开展。

3. 生态修复是其有效方法

由于自然因素和人类活动的影响，南方草山、草坡、滩涂草地中的水资

源往往容易遭受破坏和污染。湿地是南方草山、草坡、滩涂草地中最重要的水源之一，具有水源涵养、水质净化等重要功能。恢复湿地生态系统的功能需要采取一系列措施，如恢复植被、防止污染等。在南方草山、草坡、滩涂草地中，有些土地由于过度开垦和滥伐，导致水资源流失和土壤侵蚀。为了恢复土地生态系统，可以采取退耕还林还草的措施，重建植被覆盖，保护水资源和土壤。对于南方草山、草坡和滩涂草地，草地是其主要的利用方式之一，也是保护水资源的关键，因此，在草地种植方面，应采用合理的草种选择、管理和保护措施，以提高草地的覆盖度和水土保持能力。

五、生物多样性维护

南方草山、草坡、滩涂草地的生物多样性维护是其可持续发展的关键。为了保护这些生态系统中的珍贵生物资源，需要采取一系列措施。

一方面，建立合理的管理和监督机制是非常重要的一步。通过建立生物多样性保护和管理机构，制定科学合理的保护计划和措施，加强生物多样性保护法律法规的制定和实施，可以确保南方草山、草坡、滩涂草地的生态系统得到合理的管理和监督，从而实现其可持续发展。

另一方面，为了保护南方草山、草坡、滩涂草地的生物多样性，还需要采取一系列保护措施。其中包括加强对生态系统的保护和管理、野生动植物保护、恢复和修复生态系统、科学研究和普及教育等方面。通过加强对生态系统的保护和管理，建立保护区、开展野生动物保护、加强野生动物保护监测等措施，可以有效保护南方草山、草坡、滩涂草地的生态系统。采取生态修复措施，如开展生态修复工程、恢复湿地、恢复生态系统植被等，可以有效地提高南方草山、草坡、滩涂草地的生物多样性水平。通过开展科学研究和普及教育，提高公众对生物多样性的认识和保护意识，培养公众的环保意识和责任感，也是维护南方草山、草坡、滩涂草地的生物多样性的重要手段。

第七章　全面深化草原生态系统
工程的实施路径

第一节　贯彻生态绿色发展理念

一、生态文明建设的重要性

生态文明建设其实就是把可持续发展提升到绿色发展高度，为后人"乘凉"而"种树"，就是不给后人留下遗憾而是留下更多的生态资产。生态文明建设是中国特色社会主义事业的重要内容，关系人民福祉，关乎民族未来，事关"两个一百年"奋斗目标和中华民族伟大复兴中国梦的实现。生态文明建设的重要性，如图 7-1 所示。

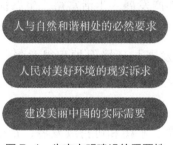

图 7-1　生态文明建设的重要性

（一）人与自然和谐相处的必然要求

自然是人类共同的家园，人与自然的和谐相处一直是经济发展必须考虑的问题之一。因为人类创造了灿烂的文明，建造了巧夺天工的建筑，打造了丰富多彩的物质世界，这都有赖于自然界的贡献。① 人类经济发展的过程是符合哲学规律的，但在这一过程中，必须关注与自然的关系。滥用自然资源、破坏生态环境会导致资源枯竭、环境恶化，从而影响到经济发展的可持续性。生态文明建设要求人类在发展经济的同时保护生态环境，确保人与自然和谐共生。人类不能以破坏自然为代价，污染环境，给后代留下无法弥补

---

① 蓝佛胜.浅议生态文明建设的重要性和落实策略 [J].智富时代，2016（12）：216.

的伤痕。自然辩证法要求分析自然规律，合理利用自然资源，确保人与自然和谐相处。通过揭示生态文明建设的重要性，引导人们树立正确的发展观念，实现人与自然和谐共生。

（二）人民对美好环境的现实诉求

生态文明建设在生态绿色发展理念中占有举足轻重的地位，这是因为它旨在促进人与自然和谐共生，保障生态安全，促进可持续发展。在全面推进美丽中国建设的战略任务和重大举措中，生态文明建设被视为一项基础性、全局性的工程。它不仅关乎当前的经济社会发展，也直接影响到未来几代人的生存和发展。在全面建设社会主义现代化国家的过程中，生态文明建设的重要性更是不言而喻。实现美丽中国的建设，需要我们坚持人与自然和谐共生的发展理念，坚决走生产发展、生活富裕、生态良好的文明发展道路。

为了实现这一目标，必须加强生态环境保护，实行严格的生态环境管理和控制措施，促使经济发展与环境保护相得益彰。同时，加强生态文明教育，提升全社会的生态文明意识和参与意愿，使每个人都成为生态文明建设的积极参与者和实践者。此外，通过发展绿色产业，促进经济转型，实现经济社会和生态环境的协调、平衡和可持续发展，是推进美丽中国建设，实现生态文明建设的重要途径和方法。在这一过程中，各级政府应当发挥引领和推动作用，创造有利于生态文明建设的政策环境和社会环境，确保生态文明建设的顺利进行和取得实效。

（三）建设美丽中国的实际需要

建设生态文明是以人为本，为了提高人民的生活质量，满足人民对良好生态环境的日益增长的要求。建设美丽中国是为了满足人民对更优质生态产品的需求，也是对子孙后代的一个交代，营造一个美好环境给后代发展。

美丽中国的构想不仅是一个审美的追求，而是对于持续发展、生态保护与人民福祉提升的综合体现。草原生态系统工程的推进在这一构想中具有不可替代的重要性。草原作为中国大陆上的重要生态系统之一，其健康与稳定直接影响到水资源的保障、土壤侵蚀的防控以及生物多样性的维护，因此深化草原生态系统工程的实施，是实现美丽中国构想中生态文明建设的重要路径。

通过恢复草原生态系统的原生态功能，可以提高其对于气候变化的适应能力和抵御能力，为应对全球气候变化贡献力量，同时也有助于维护生物多样性，保障草原生态系统的可持续发展。通过草原生态旅游、绿色农牧业等产业的发展，可以促进当地经济的可持续发展，实现生态、经济和社会的共赢。草原生态系统工程的实施符合人与自然和谐共生的理念，有助于提高人民群众的生活质量和幸福感。通过优化草原生态环境，提高草原地区的生态服务功能，可以为人民群众提供更为宜人的生活环境，增强人民的获得感和幸福感。同时，实施草原生态系统工程是推动生态文明和社会主义现代化建设的重要举措。在全面建设社会主义现代化国家的过程中，生态文明建设是其中的重要组成部分，而草原生态系统工程的实施则为实现这一目标提供了重要的技术和实践支持。全面深化草原生态系统工程的实施，符合建设美丽中国的实际需要，是推进生态文明建设的重要路径，能够有效推进美丽中国的构想实现，为我国的生态文明建设贡献重要力量。

二、草原的生态系统保护与可持续发展

（一）草原的生态系统保护

草原是重要的生态系统之一，具有重要的生态、经济和社会价值。草原可以为人类提供丰富的生态系统服务，如生物多样性保护、土壤保持、水资源调节、气候调节等。草原也是世界上重要的牧业区之一，为人类提供了丰富的草畜资源，对于维护人类食品安全、改善人民生活质量、推动经济发展具有重要意义。

保护生态系统是实施草原生态系统工程的首要任务。加强草原生态环境监测，建立生态环境损害评估制度，有助于及时发现生态环境问题，及时采取措施进行修复和保护。加强草原生态环境监管，建立生态保护红线制度，有助于保障草原生态系统的稳定和健康发展。加强草原生态系统修复，采取

生态恢复工程等措施，有助于恢复已经遭受破坏的草原生态系统，增强其生态功能和稳定性。

（二）可持续发展

首先，要推进草畜平衡，加强草原畜牧业管理。过度放牧是草原生态系统面临的主要问题之一，会导致草原退化和土地沙化。因此，推进草畜平衡是实现草原可持续发展的重要措施之一。需要加强草原畜牧业的管理，合理制订放牧计划，调整放牧方式，控制过度放牧，保护草原生态系统的稳定性，以实现健康发展。

其次，由于草原具有独特的自然景观和人文价值，生态旅游是草原可持续发展的重要途径之一。但同时也需要避免对草原生态系统的破坏。要在发展草原生态旅游的同时积极保护草原生态环境，制定相应的生态旅游规划和管理措施，确保生态旅游与生态保护相结合。

最后，要加强草原生态文化建设，挖掘草原生态文化价值。草原文化是草原地区的重要资源，它与草原生态系统的形成和发展密切相关，加强草原生态文化建设，挖掘草原生态文化价值，不仅可以增强草原地区的文化自信和文化保护，还能提升草原地区的形象和吸引力。要推动草原文化的传承和创新，发掘草原文化的内涵和价值，挖掘草原文化的旅游资源，促进草原文化与经济社会协调发展。

三、生态绿色发展理念在草原生态系统工程中的应用

生态绿色发展理念在草原生态系统工程中的应用是实现草原可持续发展的关键措施。草原是我国重要的生态系统之一，也是我国重要的粮食生产和畜牧业基地。然而，长期以来，由于人类活动和自然因素的影响，草原生态环境受到了严重破坏。生态绿色发展措施在草原生态系统工程中的应用是保护和恢复草原生态系统的重要手段，如图7-2所示。

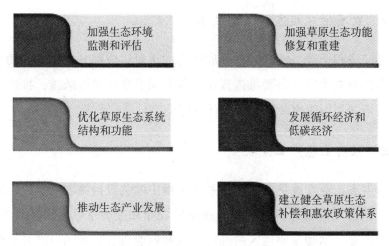

图 7-2　生态绿色发展的措施

（一）加强生态环境监测和评估

草原生态系统是一个复杂的生态系统，会受到多种因素的影响。需要建立完善的生态环境监测和评估体系，及时发现生态环境问题，采取相应的措施进行修复和保护。

（二）加强草原生态功能修复和重建

草原的生态功能的修复和重建是草原生态系统保护和恢复的核心目标之一。针对草原生态系统的不同问题，可以采取不同的修复措施，如水土保持、草原植被恢复、土地治理等。这些措施可以提高草原生态系统的稳定性和健康度，促进草原的可持续发展。

（三）优化草原生态系统结构和功能

草原的生态系统结构和功能对其稳定性、生态效益产生着重要的影响。需要采取相应的措施优化草原生态系统结构和功能，如调整草原植被结构、提高草原生物多样性、提升生态系统服务等。这有助于提高草原生态系统的综合效益，促进草原可持续发展。

（四）发展循环经济和低碳经济

循环经济和低碳经济是绿色发展理念的重要组成部分，也是推动草原可持续发展的重要手段。需要推进资源回收利用，加强节能减排，推广清洁能源，提高资源利用效率，降低生态环境污染。

（五）推动生态产业发展

推动生态产业发展是草原生态系统工程中的关键措施之一。可以通过培育生态旅游、发展草原畜牧业、开展草原农业和推动草原生物医药等方式，发展生态产业，增加草原地区的经济收入和就业机会，推动经济社会的协调发展。同时这也有利于提高草原生态系统的保护和恢复水平。

（六）建立健全草原生态补偿和惠农政策体系

草原生态系统工程是为了保护和恢复草原生态系统而实施的，需要通过草原生态补偿和惠农政策来促进其可持续发展。可以通过建立草原生态保护奖励机制、开展草原生态补偿、推广草原生态扶贫等方式，促进草原生态系统的保护和恢复。同时这也可以增加草原地区的农民收入，提高草原地区的经济和社会发展水平。

第二节　生态补偿机制

一、生态补偿机制的基本概念和原理

生态补偿机制是以保护生态环境、促进人与自然和谐为目的，根据生态系统服务价值、生态保护成本、发展机会成本，综合运用行政和市场手段，调整生态环境保护和建设相关各方之间利益关系的一种制度安排。

其基本原理是"污染者付费"和"受益者负担"，即对生态系统的破坏者进行经济惩罚，同时向对生态系统具有贡献的人或群体提供奖励。生态补偿机制的实现需要对生态系统的价值进行评估，并依据生态保护成本和发展机会成本进行综合考虑和制定相应的政策。

二、生态补偿机制的类型与模式

（一）生态系统服务补偿

生态系统服务补偿是在保护生态系统服务的前提下，向提供这些服务的自然资源管理者或者生态系统受益者提供经济补偿。例如，在水源涵养方面，可以向具有水源涵养功能的生态系统管理者提供经济补偿。

（二）生态保护补偿

生态保护补偿是指针对生态系统的破坏者或者污染者，采取经济手段进行惩罚或补偿，以弥补生态环境损失的行为。例如，向环境污染企业征收环境污染费，或者对破坏生态环境的行为进行罚款。

（三）生态产品质量补偿

生态产品质量补偿指通过对生产和销售环保产品进行补偿，鼓励和促进环保产业的发展，以提高环保产品的质量和市场占有率。例如，对于生产和销售环保产品的企业，可以给予一定的税收减免或者其他经济补偿。

（四）碳排放权交易

碳排放权交易指通过对碳排放量进行限制和交易，以达到减少温室气体排放的目的，同时也为企业提供了一种降低排放成本的途径。例如，碳排放严重的企业可以通过购买碳排放权来补偿生态系统的损失。

（五）资源税与生态税

资源税与生态税指对于自然资源的开发和利用行为，征收一定比例的资源税或者生态税，用于补偿生态系统的损失。例如，对于矿产等资源的开采，可以征收一定的资源税或者生态税，用于环境保护和生态系统的修复。

（六）土地使用权出让金

土地使用权出让金是指政府向土地使用权受让方收取的经济补偿，用于保护和恢复生态系统。例如，在城市化进程中，政府可以向城市化开发商征收土地使用权出让金，用于生态系统的保护和修复。

三、生态补偿机制与草原生态系统保护的协同作用

生态补偿机制与草原生态系统保护的协同作用主要体现在三个方面。第一，通过对草原生态系统服务功能提供者进行经济补偿，鼓励和促进草原生态系统服务的提供和保护，从而保障草原生态系统服务的持续提供和质量的不断提升。第二，通过对破坏草原生态环境的行为进行惩罚，促进草原生态环境的保护和修复。第三，通过对草原生态产业进行经济补偿，鼓励和促进草原生态产业的发展和创新，从而实现生态保护与经济的协调发展。

生态补偿机制与草原生态系统保护的协同作用需要充分考虑草原生态系统的特点和现实情况，采取有针对性的补偿措施和政策。生态补偿机制也需要加强对补偿资金的监管和使用效果的评估，以确保补偿资金的合理使用和生态补偿机制的稳定性和可持续性。只有在充分考虑草原生态系统的需求和现实情况的基础上，采取科学合理的生态补偿措施和政策，才能实现生态保护与经济的协调发展，保障草原生态系统的健康和可持续发展。

四、生态补偿机制的监测与评价

生态补偿机制的监测与评价可以从以下几个方面展开。一是对生态补偿政策的落实情况进行监测和评价，了解生态补偿政策的执行情况、补偿对象的受益情况、补偿资金的使用效果等。二是对草原生态系统的服务功能进行评估和监测，了解生态补偿机制对草原生态系统服务功能的保护和改善情况。三是对草原生态环境的保护和恢复情况进行监测和评价，了解生态补偿机制对草原生态环境的保护和恢复情况。四是对草原生态产业的发展情况进行监测和评价，了解生态补偿机制对草原生态产业的促进和支持情况。

在实施生态补偿机制监测和评价时，需要采取科学合理的方法和指标，进行定量和定性分析。需要建立统一的监测和评价标准与体系，以便对不同地区、不同生态环境和不同利益群体的生态补偿机制进行比较与评价。生态补偿机制的监测和评价需要加强公众参与度与透明度，加强对生态补偿机制的宣传和教育，提高公众的生态意识和环保意识，从而增强公众对生态补偿机制的认识和信任。

第三节　大力发展饲草产业

一、饲草产业现状与发展趋势

（一）饲草产业的现状

饲草产业是指通过种植、收割、加工和销售饲草等一系列活动来满足牲畜、家禽等畜禽动物的饲料需求的产业。在我国，饲草产业已经初步形成规模，我国饲草产业的主要产品是干草和青贮料。其中，干草的种植和加工主要集中在北方地区，青贮料则主要分布在南方地区。

饲草资源主要来自天然草场、人工草地、林间草场、饲用作物、农作物秸秆以及农林副产品。其中天然草地是我国重要的饲草资源，约占国土面积的 41.7%。然而，我国草地资源由于过度放牧等不合理利用，导致普遍退化，有的严重沙化，生产力明显下降。人工草地面积约为 1 600 万 hm^2，虽然产草量比天然草地高 3～5 倍或更高，但相对规模较小，无法满足草食畜牧业快速发展的需求。此外，饲草产业的技术和管理水平也相对较低，饲草品质和加工水平还有待提高。缺乏先进的饲草种植、收割、储存和加工技术，导致饲草质量不稳定，无法满足高品质畜产品生产的要求。

尽管我国饲草产业已经初步形成规模，但仍存在生产水平不高、品种单一、市场开发不充分等问题。这也导致我国需要大量进口苜蓿、燕麦草等优质牧草，其进口量逐年增加，进口牧草成为我国饲草产业的一大问题。

(二)饲草产业的发展趋势

饲草产业是我国畜牧业的重要支柱,对于推动畜牧业现代化、提高畜产品质量、增加畜牧业效益、保护生态环境具有重要作用。其发展趋势如图7-3所示。

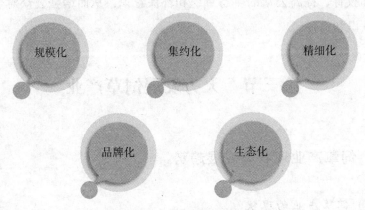

图 7-3 饲草产业的发展趋势

1. 规模化

通过技术创新和规模化生产,饲草产业可以实现生产成本的降低和生产效率的提高。随着畜牧业的现代化和规模化,对饲草的需求会越来越大,饲草产业需要不断扩大规模,提高饲草生产效率和产品质量。

2. 集约化

通过集约化生产,可以提高饲草产业的生产效率和经济效益,同时也有利于饲草品质的提高和生态环境的保护。饲草产业需要通过技术改造和管理升级,加强生产过程中的监管和管理,推广现代化的饲草生产方式和机械化的饲草收割和加工设备,提高生产效率和产品质量。

3. 精细化

饲草产业需要通过优良品种的选育和引进,实现饲草的品质提高和产量增加。也需要加强对饲草生产过程中的各个环节的控制,提高饲草生产效率和产品品质。在饲草加工环节中,需要开发出多种新型饲草加工技术,提高饲草加工效率和产品质量。

4. 品牌化

通过品牌建设，可以提高饲草的附加值和市场竞争力，加强饲草在市场中的地位和影响力。饲草产业需要通过品牌建设和营销推广，打造优质饲草品牌，树立行业标杆，提高饲草产业的竞争力和地位。

5. 生态化

饲草产业需要加强对草地生态环境的保护和管理，推广生态畜牧业模式，实现草地生态系统的可持续发展和健康稳定。在饲草生产过程中，需要加强对土壤、水源和生物多样性等方面的保护，实现生态环境与经济效益的协调发展。

二、饲草产业技术创新与产业链优化

饲草产业在我国农业和畜牧业发展中占有举足轻重的地位。随着我国经济的不断发展，人民生活水平的提高，对肉类、奶类等高品质畜产品的需求逐年增加。饲草产业是畜牧业的重要支撑，其技术创新和产业链优化显得尤为重要。

推广优质饲草品种是提高饲草产业技术创新与产业链优化的关键。我国饲草品种资源丰富，但优质品种较少，品种改良水平有待提高。要加大饲草品种选育力度，注重种质资源的收集、整理、创新与利用，发掘优质高产饲草品种，满足畜牧业对优质饲草的需求。针对不同地区的气候、土壤条件和畜牧业需求，研发适宜的饲草品种，保证饲草产量和质量。

采用精细化管理、轮作制度、优化施肥方案等现代化种植技术，实现饲草产量的稳定增长。提倡节水灌溉、保土护水、生物防治等绿色种植技术，保障饲草生产的可持续发展。推广饲草种植机械化、智能化设备，提高饲草种植的效率并降低成本，进一步提高饲草产业的竞争力。

提高饲草加工和贮存技术水平对于降低饲草损失、保证饲草质量至关重要。研发新型饲草加工技术，提高饲草的营养价值和利用率，减少饲料中的有害物质，提高饲料安全性。研究不同饲草品种在加工过程中的特性，制定具有针对性的加工工艺。在饲草贮存方面，采用科学的贮存方法，如青贮、干草堆等，有效降低饲草损失，延长饲草的保质期，确保饲草的安全供给。

开展饲草产业转移和合作对于优化产业结构和资源配置具有积极作用。面对土地资源紧张、劳动力成本上升等问题，推动饲草产业向适宜发展的区域转移，实现产业优势互补，提高产业集聚效应。鼓励饲草企业开展产学研结合，与科研院所、高校合作，共同研发先进的饲草技术和设备，提高饲草产业的技术含量。通过政策引导，促进饲草企业之间的合作与竞争，培育饲草产业的龙头企业，提高整体产业水平。

推进饲草产业与畜牧业、农业、旅游等相关产业的融合发展，构建完整的饲草产业链和生态循环链。优化产业布局，鼓励饲草企业与畜牧养殖、种植业等产业进行深度融合，实现产业链上下游的协同发展。例如，饲草企业可利用畜牧业产生的有机废弃物进行有机肥生产，为农业提供优质有机肥料；畜牧业则可利用饲草企业提供的优质饲料，提高养殖效益。通过发展生态养殖、观光农业等产业，将饲草产业与旅游产业相结合，实现多元化发展，提高产业附加值。

三、饲草产业对草原生态系统的影响

饲草产业是草原地区的重要产业之一，对草原生态系统的影响不可忽视。加强饲草产业对草原生态系统的影响和环境效应的研究与评估是非常必要的，以确保饲草产业的发展与草原生态系统的保护和可持续发展相协调。

饲草产业的发展对草原植被的影响应引起人们足够的关注。饲草产业需要大量的草原植被来满足牲畜的饲料需求。草原植被的过度开采和破坏将直接影响草原生态系统的健康。过度的放牧和采割可能导致植被的退化，从而影响草原的土壤保持能力和水源涵养能力，甚至会导致草原退化。必须加强对草原植被的保护和恢复，采取合理的牧草种植、轮牧和采割措施，以保证草原植被的可持续利用和生态环境的健康。

饲草产业需要大量的水资源来维持牲畜的生长和发育。然而，草原水资源是非常有限的，特别是在干旱地区。过度的水资源利用和过度放牧会导致水土流失、水源枯竭等问题，破坏草原水资源的生态平衡。必须采取科学合理的饲草生产和管理措施，降低饲草产业对草原水资源的需求，维持草原水资源的生态平衡和可持续利用。

过度放牧牲畜和采割会破坏草原生态系统的生物多样性与稳定性，导致草原生态系统的退化和环境恶化。要加强对草原生物多样性的保护和管理，建立草原生态系统的保护和管理机制，促进草原生态系统的恢复和重建。饲草产业也应该加强自身的生态环保意识和责任感，采取可持续的饲草生产方式和生态友好的经营管理方式，以促进饲草产业和草原生态系统的协调发展。

饲草产业的发展还会对草原地区的社会经济发展产生影响。饲草产业是草原地区的重要产业之一，对当地的农牧民的生计和收入具有重要的支撑作用。在发展饲草产业的同时也应该加强对草原地区的社会经济发展的支持和引导，提高当地牧民的生产技术和管理水平，促进农牧业的可持续发展，创造更多的就业机会和更高的经济效益，提升草原地区居民的生活质量和幸福感。

第四节　转变畜牧生产经营方式

一、畜牧业现状与发展趋势

随着全球经济的快速发展，畜牧业在草原经济中占据着举足轻重的地位。草原畜牧业不仅为人类提供了大量肉类、奶类、毛皮等产品，还为草原生态系统提供了保护。

从现状来看，畜牧业在生产规模扩大的同时也面临着资源利用效率低、环境压力大、品牌建设不足等问题。在资源利用方面，许多草原畜牧业仍然采用传统的粗放式养殖方式，这使得畜牧生产成本较高，资源利用效率相对较低。由于养殖规模的不断扩大，生产过程中的粪便、尿液等排放物对环境造成了很大的压力。另外，由于缺乏规模化、标准化生产，草原畜牧业在品牌建设方面还有很大的提升空间。

在面临诸多问题的背景下，未来畜牧业的发展应当以提高生产效率、优化产业结构、加强品牌建设、加强环保管理和推动现代化为主导方向。

（一）优化产业结构

优化产业结构是实现畜牧业可持续发展的重要手段。在养殖种类上，应该根据各地区的资源条件、市场需求等因素，合理选择养殖品种。例如，有条件的地区可以发展高品质、高效益的特色养殖项目，以提高畜牧业的整体效益。

（二）提高生产效率

畜牧业生产过程中应大力推广科学技术，以提高资源利用效率。鼓励养殖户实施规模化、集约化生产，降低单位成本。此外，还要推广精细化、循环化养殖技术，提高饲料的利用率和养殖环境的可持续性。

（三）推动品牌建设

推动品牌建设，提高草原畜牧产品的市场竞争力。加强对草原畜牧产品的质量监控和认证工作，制定严格的质量标准和检验制度，以确保产品的安全、卫生和高品质。加大宣传力度，积极宣传草原畜牧产品的独特品质，提高消费者对草原畜牧品牌的认知度和忠诚度。鼓励养殖企业参与国际市场竞争，发挥草原畜牧产品的特色优势，提高国际市场份额。

（四）加强环保管理

加强环保管理，保护草原生态环境。畜牧业生产过程中应严格遵守环境保护法律法规，实施污染防治措施。养殖企业要加大投入，建立完善的废弃物处理系统，降低养殖过程中的环境污染。要推广生态养殖理念，鼓励养殖户在草原地区采用适度放牧、轮牧、分区养殖等方式，减轻过度放牧对草原生态系统的破坏。

（五）推动畜牧业现代化

畜牧业现代化不仅包括生产技术的现代化，还包括管理模式、产品加工、市场营销等方面的现代化。要大力发展现代畜牧科技，将先进的养殖技术、疫病防控技术、饲料加工技术等应用于生产实践，提高生产效率和产品质量。此外，要加强对养殖户的培训和指导，提高养殖户的科技素质和管理水平，为畜牧业现代化发展提供人才支持。

二、畜牧生产经营方式的创新与实践

畜牧业作为农业的重要组成部分，对于保障国家粮食安全和推动农业产业结构优化具有重要意义。然而，随着环境污染、资源消耗、疫病风险等问题的日益凸显，如何实现畜牧业的可持续发展成了当务之急。创新畜牧生产经营方式，提高畜牧业的生产效益和生态效益，对于我国畜牧业发展具有重要意义。

（一）畜牧业技术创新是畜牧生产经营方式创新与实践的关键

要加大科技投入，引进和使用国内外先进技术，进行技术研发与创新。这包括畜种改良、饲料研发、疫病防控、精细化管理等方面的技术创新。通过技术创新，提高畜牧业的生产效率、产品质量和安全性，降低生产成本，提高畜牧业的核心竞争力。

（二）管理创新对于畜牧生产经营方式的创新与实践具有重要作用

要引入现代企业管理理念，完善畜牧生产组织形式，优化畜牧产业布局，促进产业集聚。要强化信息建设，推动畜牧生产过程中的信息采集、分析和应用，提高管理水平。此外，还要加强政策引导，鼓励畜牧业创新发展。

（三）科技养殖是畜牧生产经营方式创新与实践的重要内容

要推广科技养殖技术，如智能养殖、无害化养殖、生物防治等，实现畜牧生产的高效、安全、环保。智能养殖通过大数据、物联网等技术手段，实现对养殖过程中环境、饲料、健康等各方面的实时监控和精细化管理，提高养殖效率。无害化养殖则关注生产过程中环境保护与疫病防控，减少污染物排放，降低疫病风险。生物防治技术通过引入天敌、微生物等生物防治措施，有效减少农药等药物使用，保障畜产品安全。

（四）特色畜牧业是畜牧生产经营方式创新与实践的重要方向

要结合各地区的自然资源、人文特色、市场需求等条件，发展地理标志性畜产品、有机畜产品、绿色畜产品等特色畜牧业。这将有助于提高畜牧业的附加值，满足消费者多样化、个性化的需求。特色畜牧业有利于优化产业结构，发挥地区优势，促进区域经济发展。

（五）生态畜牧业是畜牧生产经营方式创新与实践的重要举措

要发展生态养殖、循环养殖等模式，实现畜牧业与农业、林业、水产等产业之间的资源循环利用，提高资源利用效率，减轻对环境的压力。例如，发展沼气养殖、鱼禽共生养殖等生态养殖模式，充分利用有机废弃物，实现废物资源化、减排降污。生态畜牧业有助于提高畜牧业的生态效益，促进绿色发展。

（六）标准化畜牧业是畜牧生产经营方式创新与实践的有效手段

要建立健全畜牧生产标准体系，包括养殖技术规程、饲料质量标准、畜产品质量安全标准等，规范畜牧生产过程，保障畜产品质量与安全。要推进畜牧企业的标准化建设，提高企业管理水平，提升畜牧业的整体竞争力。

三、应对转型升级对草原生态系统影响的举措

随着畜牧业转型升级的推进，对草原生态系统的影响日益显现。草原生态系统是地球上最大的生态系统之一，它对气候调节、水源涵养、生物多样性保护等具有重要的生态功能。在畜牧业转型升级的过程中，应加强对畜牧业转型升级的环境影响和生态效益的评估，引导畜牧业的绿色发展，推动畜牧业与草原生态系统的协同发展，具体如图 7-4 所示。

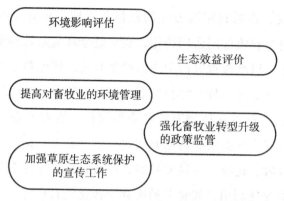

图 7-4　应对转型升级对草原生态系统影响的举措

（一）环境影响评估

要加强畜牧业转型升级过程中的环境影响评估，为畜牧业绿色发展提供科学依据。环境影响评估是一种预防性的环境保护措施，旨在评估发展项目对环境的潜在影响，并提出相应的预防和减轻措施。在畜牧业转型升级过程中，应对养殖规模扩大、生产技术改进、产业结构调整等方面的环境影响进行全面、系统的评估，确保畜牧业发展与草原生态环境保护的协调。

（二）生态效益评价

要加强对畜牧业转型升级过程中的生态效益评价，为畜牧业与草原生态系统协同发展提供决策支持。生态效益评价是衡量生态保护措施的实施效果、优化资源配置和指导生态环境管理的重要工具。在畜牧业转型升级过程中，应对养殖方式改进、生态养殖技术推广、畜牧废弃物资源化利用等方面的生态效益进行评价，以评估畜牧业发展对草原生态系统的贡献和影响，为政策制定和调整提供参考。

（三）提高对畜牧业的环境监管

加强对畜牧业转型升级过程中的环境监管，确保草原生态环境的保护。环境监管是实现畜牧业绿色发展的关键环节，包括对养殖企业的环境合规性、废弃物排放、资源利用等方面的监督和管理。在畜牧业转型升级过程中，环保部门应与农牧部门密切协作，建立健全环境监管制度，加大执法力度，对违法排污、过度放牧等行为进行严格查处，确保草原生态环境的健康和可持续发展。要引导畜牧业绿色发展，推动畜牧业与草原生态系统的协同发展。绿色发展是畜牧业转型升级的重要目标，旨在实现高效、低碳、循环、可持续的发展。在畜牧业转型升级过程中，要大力推广生态养殖理念和技术，如适度放牧、轮牧、分区养殖等，以减轻对草原生态系统的压力；加快畜牧废弃物资源化利用，如将养殖废弃物转化为有机肥、生物质能等，减轻环境污染；推广节能减排技术，降低畜牧业生产过程中的能耗和排放。

（四）强化畜牧业转型升级的政策支持

加大对生态养殖、绿色畜牧产业园区建设等项目的财政支持力度，优化畜牧业发展和环境保护的政策体系。此外，还要鼓励和支持养殖企业参与碳排放权交易，利用市场机制推动畜牧业的绿色转型。

（五）加强草原生态系统保护的宣传工作

要通过各种途径和形式，加大对生态养殖、绿色畜牧发展理念的宣传力度，提高养殖户、企业和社会公众的环保意识。还要加强养殖技术、环境管理等方面的培训和指导，提高养殖户的科技素质和环保意识，为草原畜牧业的绿色发展提供人才支持。

第五节　强化培训教育工作

一、草原生态系统工程相关人才培养

草原生态系统工程作为我国草原生态保护与可持续发展的重要保障，需要大量相关人才的支持。为保证草原生态系统工程的顺利实施，相关人才培养成为关键。

　　培养具备生态环境监测、评估和分析能力的专业技术人才，掌握现代遥感、地理信息系统等技术手段，能够开展草原生态环境的长期、动态监测，为草原生态系统工程的科学决策提供支持。

　　草原生态系统保护与管理人才培养对于保障草原生态的稳定和健康发展至关重要，熟悉草原生态系统特点，具备草原生态保护与恢复、生态工程建设等方面知识和实践能力的专业技术人才，可以为草原生态系统工程的实施提供技术支撑。

　　饲草产业人才培养是草原生态系统工程实施的重要组成部分。具备饲草种植、加工、贮存等方面专业知识和技能的人才，可以推动饲草产业技术创新和产业链优化，提高饲草生产效益和生态效益。

　　促进人才的跨学科、综合性和创新性发展是草原生态系统工程相关人才培养的核心目标。在人才培养过程中，要强调多学科交叉融合，突破传统的学科界限，使人才具备跨学科的知识体系和创新思维。这有助于应对草原生态系统工程实施过程中涉及的复杂问题，提高工程实施的科学性和有效性。要强调综合性培养，注重培养具有广泛知识面、较强实践能力和协同创新能力的人才，为草原生态系统工程的实施提供有力的人才支撑。

　　为实现上述人才培养目标，相关部门和单位应采取以下措施。

　　一是加强教育投入，提高草原生态系统工程相关专业的办学条件和水平。鼓励高等院校、科研院所、企事业单位等联合开展教育培训，整合优质资源，形成人才培养的协同效应。

　　二是加强课程体系建设，强化实践教学环节，培养学生的动手能力和实际操作能力。充分利用草原生态系统工程的实践基地，开展实地教学和实习实践，培养学生的综合素质和创新能力。

　　三是推动产学研一体化，加强校企合作，促进人才培养与市场需求的紧密结合。通过建立产学研合作平台，加强教育、科研与生产的深度融合，提高人才培养的针对性和实效性。

　　四是加强师资队伍建设，引进和培养一批具备丰富实践经验、较高学术水平和创新精神的教师，提高人才培养质量。

　　五是鼓励人才创新创业，为草原生态系统工程相关领域的创新创业提供政策支持和服务保障。通过政策引导、资金支持、项目孵化等方式，推动人才在草原生态系统工程实施过程中发挥积极作用，为草原生态保护与可持续发展做出贡献。

二、提高农牧民生态环保意识与能力

草原生态系统的保护和可持续发展，离不开草原农牧民的参与和支持。农牧民作为草原生态系统的主要利用者和管理者，对草原生态环境的保护具有重要的责任和作用。因此，加强对草原农牧民的生态环保意识和技能的培训，提高他们的生态环保意识和能力，是推动草原生态系统保护和可持续发展的关键措施。

第一，加强对草原农牧民生态环保意识的培养。生态环保意识指人们对环境保护的认识、态度和行为，是引导人们参与生态环境保护的内在动力。通过组织各类宣传活动，如环保知识讲座、宣传展览、宣传教材发放等，向草原农牧民普及草原生态环境保护的重要性、保护原则、保护措施等知识，提高他们的环保意识。此外，还要引导草原农牧民树立"绿水青山就是金山银山"的发展理念，认识到生态环境保护与经济发展的紧密联系，从而提高他们参与草原生态环境保护的积极性。

第二，加强对草原农牧民生态环保技能的培训。生态环保技能是指在生产、生活和环境管理等方面运用环保理念、技术和方法的能力。通过组织各类培训班、技术示范、现场指导等形式，传授草原农牧民生态养殖技术、废弃物处理技术、草原生态恢复技术等方面的知识和技能，提高他们的生态环保能力。此外，还要鼓励草原农牧民自主创新、交流学习，形成生态环保技术的传播和推广机制，为草原生态环境保护提供技术支持。

第三，激发草原农牧民参与草原生态环保的积极性。草原农牧民是草原生态环保的实践者和受益者，激发他们的积极性至关重要。一方面，要加大对草原农牧民参与生态环保项目的政策支持力度，如提供资金、技术、市场等方面的扶持，降低他们参与生态环保的门槛和成本；另一方面，要建立完善草原生态环保成果奖励机制，对在草原生态保护中做出突出贡献的农牧民给予表彰和奖励，激励更多农牧民积极参与草原生态环境保护。

第四，加强跨部门、跨地区的合作与协同。草原生态环境保护涉及多个部门和地区，需要加强相关部门之间的沟通协调，共同推动草原生态环境保护工作。在培训和技能提升方面，农牧、环保、科技等部门要加强合作，共同制订培训计划和培训内容，确保培训工作的针对性和实效性。各地要加强区域间的交流与合作，借鉴其他地区的经验和做法，为草原农牧民提供更多的学习交流平台。

三、建立健全草原生态系统科普宣传与教育体系

草原生态系统科普宣传与教育工作在草原生态系统保护和管理中具有重要作用。通过建立健全草原生态系统科普宣传和教育体系，可以提高公众对草原生态系统的认知和理解，从而营造全社会关心和支持草原生态系统保护的氛围。

（一）建立健全草原生态系统科普宣传与教育体系的作用

1. 提高公众对草原的生态系统的认知和理解

通过开展草原生态系统的科普宣传和教育活动，可以向公众传达草原生态系统的相关知识，让公众了解草原生态系统的重要性、功能、价值以及其面临的问题和挑战。这样，公众对草原生态系统的认知和理解水平将得到提高，有利于形成对草原生态系统的保护和管理的共识。

2. 提高公众的环保意识

草原生态系统是地球上重要的生态系统之一，保护草原生态系统不仅关乎人类的生存和福祉，也关系到地球生态系统的平衡和稳定。通过科普宣传和教育活动，可以加强公众的环境意识，使他们认识到自己的行为对草原生态系统的影响，并在日常生活中采取更加环保的措施，减少对草原生态系统的损害。

3. 促进草原生态系统保护和管理工作的开展

草原生态系统保护和管理工作需要全社会的支持和参与。通过开展草原生态系统的科普宣传和教育活动，可以让公众了解草原生态系统保护是一项长期的任务，需要全社会的参与和支持。公众也会认识到自己在草原生态系统保护中的重要性，激发公众积极参与草原生态系统保护工作的热情。

（二）建立健全草原生态系统科普宣传与教育体系的措施

建立健全草原生态系统科普宣传与教育体系，应明确工作目标、任务和措施，确保工作的顺利实施。应充分利用政府、企业、社会等各方面的资金支持，为相关工作提供充足的经费保障。应创新草原生态系统科普宣传与教育方式，利用现代传播手段，采用多种形式，提高相关工作的吸引力并扩大工作的覆盖面。应加强草原生态系统科普宣传与教育内容建设，整合相关领域的专业知识，编制科普读物、教育教材等，为公众提供全面、系统、准确的草原生态系统知识。

此外，还要深化草原生态系统科普宣传与教育合作，加强多方协作，形成合力，共同推动草原生态系统保护与治理。开展各类草原生态系统科普宣传与教育活动，如讲座、展览、实地考察等，引导公众参与，提高公众的草原生态系统保护意识。要强化草原生态系统科普宣传与教育队伍建设，培养专业人才，提高工作的专业性和实效性。要加强工作效果评估，建立科学的评估体系，对工作进行定期评估，总结经验、改进不足，以提高工作的质量和效果。这些措施的实施将有助于提高草原生态系统科普宣传与教育的水平和效果，推动草原生态系统的保护与治理。

参考文献

[1] 辛晓平，徐丽君，聂莹莹. 北方退化草原改良技术：汉蒙双语版 [M]. 上海：上海科学技术出版社，2021.

[2] 辛晓平，徐丽君，李达. 天然草地合理利用：汉蒙双语版 [M]. 上海：上海科学技术出版社，2021.

[3] 李和平，佟长福，郑和祥，等. 典型草原区灌溉人工草地高效用水技术与生态影响研究 [M]. 北京：中国铁道出版社，2019.

[4] 李刚，李达旭，李洪泉. 退化草地治理技术 [M]. 成都：天地出版社，2008.

[5] 汪玺. 天然草原植被恢复与草地畜牧现代化技术 [M]. 兰州：甘肃科学技术出版社，2004.

[6] 孙吉雄. 草地培育学 [M]. 北京：中国农业出版社，2013.

[7] 中华人民共和国农业部畜牧兽医司，中国农业科学院草原研究所，中国科学院自然资源综合考察委员会. 中国草地资源数据 [M]. 北京：中国农业科学技术出版社，1994.

[8] 安慧，唐庄生，安钰. 荒漠草原沙漠化过程中植被和土壤退化机制 [M]. 北京：科学出版社，2022.

[9] 邵长亮，刘欣超，徐大伟，等. 草原生态环境监测与信息服务体系发展战略研究 [M]. 北京：中国农业科学技术出版社，2022.

[10] 郝爱华. 青藏高原高寒草甸和高寒草原对气候变化的差异响应及其机理 [M]. 北京：气象出版社，2022.

[11] 孙蕊，刘泽东，高海娟，等. 黑龙江省草原退化原因及治理方法 [J]. 现代畜牧科技，2023（3）：62-64.

[12] 戚智彦，吕亚香，刘伟，等. 氮磷养分共同添加促进退化典型草原恢复的机制 [J]. 应用生态学报，2023，34（1）：75-82.

[13] 莫宇，鲍雅静，李政海，等. 呼伦贝尔草原退化对植被碳库的影响 [J]. 内蒙古大学学报（自然科学版），2023，54（1）：61-68.

[14] 赵国华. 典型草原退化区域牧草补播及土壤改良措施 [J]. 农村科技，2022（5）：57-61.

[15] 张彩云，张春英，王继平. 草原退化原因与生态恢复方法 [J]. 农业工程技术，2022，42（26）：48-49.

[16] 杜怀平. 黑茶山林区草原退化成因及生态修复探讨 [J]. 山西省林业，2022（4）：28-29.

[17] 桑吉草. 发展草原生态畜牧业 解决草原退化困境 [J]. 中国畜牧业, 2022（12）: 81–82.

[18] 刘建军. 发展草原生态畜牧业, 解决草原退化困境 [J]. 畜牧兽医科技信息, 2022（6）: 212–213.

[19] 肖海龙, 马源, 周会程, 等. 三江源退化高寒草原土壤微量元素与植被特征及其关系 [J]. 草地学报, 2022, 30（8）: 1925–1933.

[20] 冯刚, 尚维轩, 丁勇. 利用文献计量学分析草原退化对草地生态系统的影响 [J]. 内蒙古大学学报（自然科学版）, 2022, 53（4）: 430–438.

[21] 张立波, 和平, 赵立群. 迪庆州退化草原修复策略分析 [J]. 林业建设, 2022（2）: 67–71.

[22] 李霞, 潘冬荣, 孙斌, 等. 甘肃省草地退化概况分析: 基于甘肃省第一、二次草原普查数据 [J]. 草业科学, 2022, 39（3）: 485–494.

[23] 杨壮, 肖敏. 四川省红原县退化草原修复措施的对策 [J]. 内江科技, 2022, 43（2）: 25–26.

[24] 刘凯, 蔡佩云, 朱永平, 等. 青海省草原退化现状及建议 [J]. 草学, 2022,（1）: 83–85.

[25] 裴浩, 吴昊, 关彦如, 等. 土地沙化定义及其与沙被、草原退化、荒漠化关系的探讨 [J]. 内蒙古气象, 2022（1）: 16–23.

[26] 祁培勇. 高寒草原类草地退化原因及其分析 [J]. 农家参谋, 2021（24）: 138–139.

[27] 王丽萍. 论野生乡土草种混合采收技术在乌兰察市退化草原修复中的应用 [J]. 现代农业, 2021（6）: 98–99.

[28] 谈文阁, 李华. 新疆阿克苏地区草原退化的原因及治理对策 [J]. 绿色科技, 2021, 23（19）: 145–146, 150.

[29] 周扬, 宋思梦, 罗源, 等. 发展甘孜州草原生态畜牧业解决草原退化困境及出路探索 [J]. 现代园艺, 2021, 44（17）: 83–86.

[30] 姚同宇. 粉煤灰基土壤调理剂改良锡盟退化草原应用研究 [D]. 阜新: 辽宁省工程技术大学, 2021.

[31] 郑文玲. 不同禁牧时间和降雨量下内蒙古典型草原退化区土壤微生物群落结构的比较分析 [D]. 呼和浩特: 内蒙古农业大学, 2021.

[32] 任烨. 典型草原土壤的主要物理性质对草地退化的响应 [D]. 呼和浩特: 内蒙古

农业大学，2021.

[33] 皮伟强. 基于无人机高光谱遥感的草原退化指标地物的识别与分类研究 [D]. 呼
和浩特：内蒙古农业大学，2021.

[34] 罗培. 典型草原地区牧户放牧草场退化现状研究：以阿巴嘎旗阿拉腾陶高图
嘎查为例 [D]. 呼和浩特：内蒙古师范大学，2020.

[35] 张小菊. 基于草地生产力和家畜承载力的宁夏荒漠草原退化现状评价 [D]. 银川：
宁夏大学，2020.

[36] 苗翻. 退化荒漠草原三种丛生植物土壤物质沉积与富集特征 [D]. 银川：宁夏大
学，2019.

[37] 王婷. 黄河源区高寒草原退化特征及健康评价研究 [D]. 兰州：甘肃农业大学，
2019.

[38] 邹尚倬. 内蒙古草地利用与保护研究：基于贡格尔草原的实践 [D]. 合肥：安
徽农业大学，2019.

[39] 韩秀峰. 三种植物功能性状及水分生理生态对荒漠草原退化程度的响应 [D]. 泰
安：山东农业大学，2019.

[40] 路凯亮. 内蒙古退化典型草原不同封育年限样地大型土壤动物多样性研究 [D].
呼和浩特：内蒙古大学，2018.

[41] 吴昕. 内蒙古锡林郭勒草原沙质荒漠化的沙源及其地质学成因分析：以吉尔
嘎郎图凹陷小草原为例 [D]. 武汉：中国地质大学，2018.

[42] 姚露花. 内蒙古退化典型草原土壤理化性质与土壤微生物对施肥的响应 [D]. 重
庆：西南大学，2018.

[43] 苏日娜. 放牧对内蒙古草原群落结构和生产力的影响 [D]. 北京：北京林业大
学，2018.

[44] 李云龙. 内蒙古退化典型草原不同封育年限样地昆虫多样性研究 [D]. 呼和浩特：
内蒙古大学，2017.

[45] 姚鸿云. 退化草原的稳定碳同位素特征及影响机理 [D]. 呼和浩特：内蒙古农业
大学，2017.

[46] 杜青峰. 内蒙古退化典型草原植被和土壤对氮磷肥配施的响应 [D]. 重庆：西南
大学，2017.

[47] 臧琛. 基于栗钙土层厚度变化的典型草原退化动态监测与沙化风险研究：以
西乌穆沁草原为例 [D]. 呼和浩特：内蒙古农业大学，2016.

[48] 周丽. 甘肃省天祝县高寒草甸草原退化特征及生态服务价值估算研究 [D]. 兰州: 甘肃农业大学, 2016.

[49] 康萨如拉. 羊草草原退化演替过程中的群落构建与稳定性研究 [D]. 呼和浩特: 内蒙古大学, 2016.

[50] 肖玉. 青藏高原高寒草原不同退化程度植物群落特征与土壤养分的关系 [D]. 兰州: 兰州大学, 2016.

[51] 武雪琪. 工业化对草原生态环境的影响: 基于四个牧业旗的研究 [D]. 呼和浩特: 内蒙古农业大学, 2015.

[52] 张玉娟. 典型草原退化演替中植被—土壤特征变化及化感影响机制研究 [D]. 北京: 中国农业大学, 2015.